A

Astronaut

Astronaut

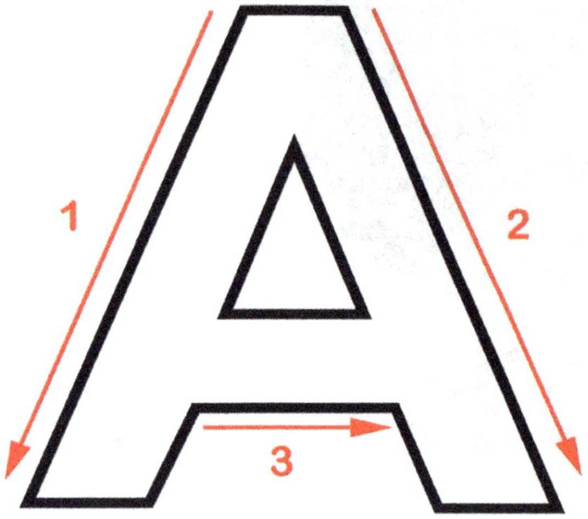


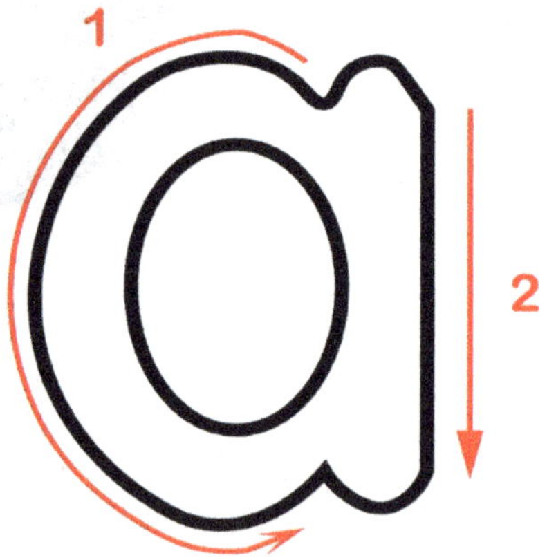


A A A A A a a a a a

Alligator

Alligator

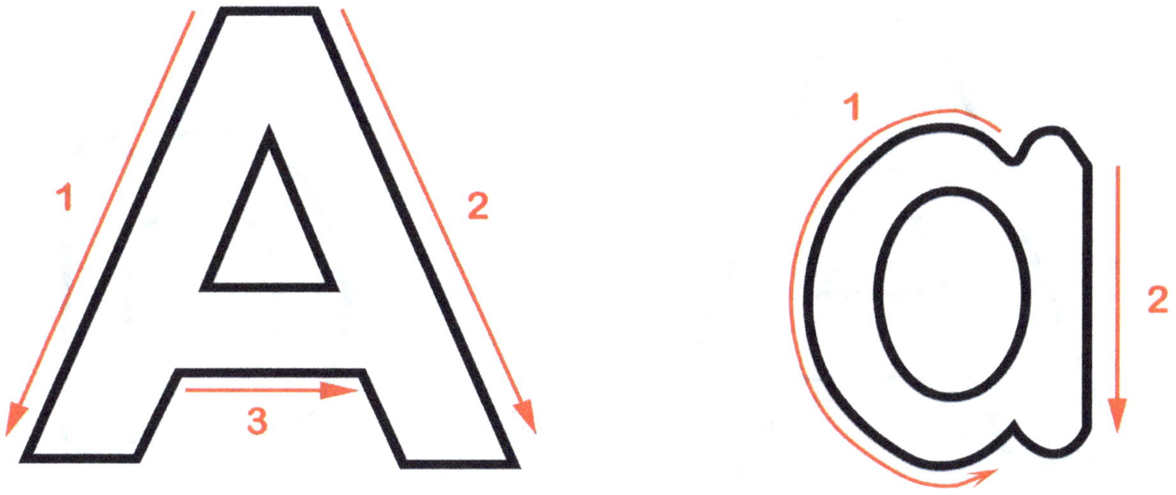


A A A A A a a a a a

Apple

Apple

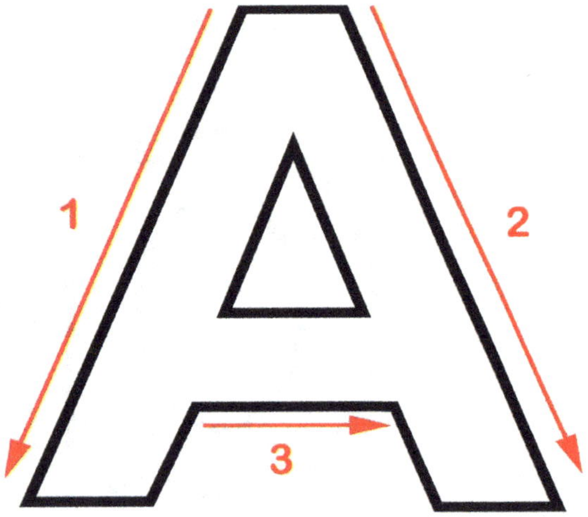


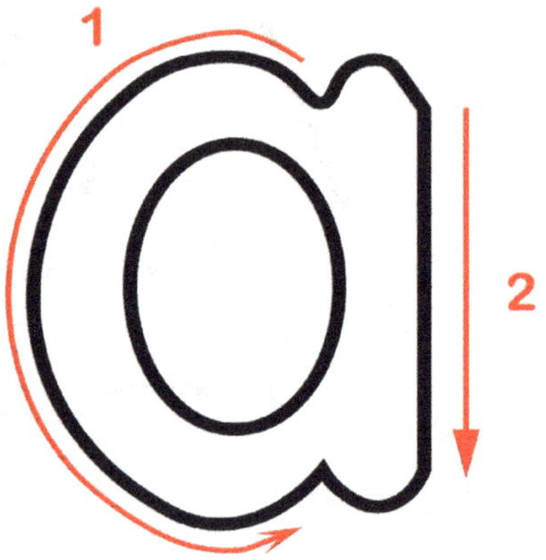


A A A A A a a a a a

Ant

Ant

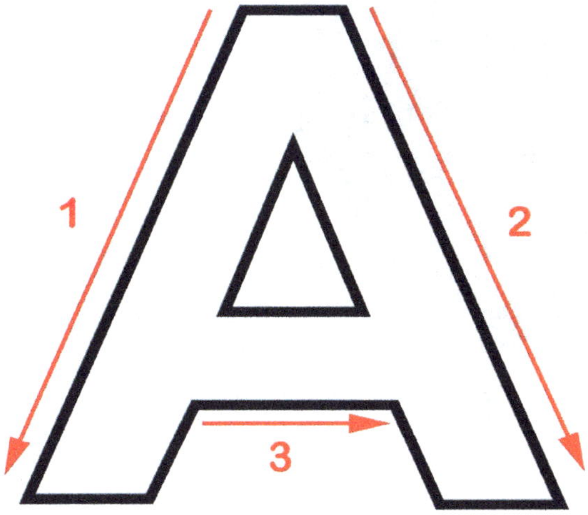


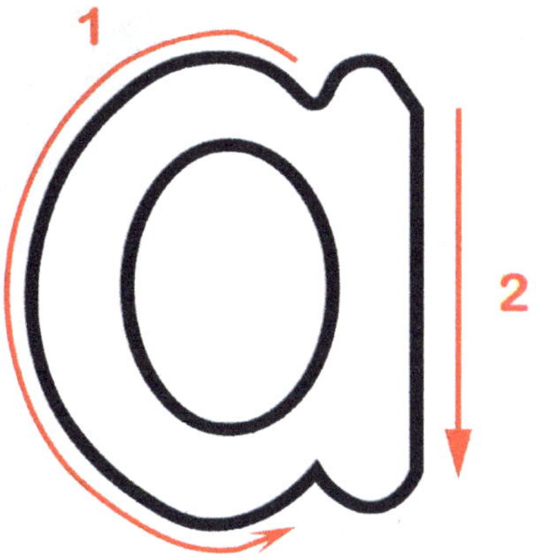


A A A A A a a a a a

B

Basket

Basket

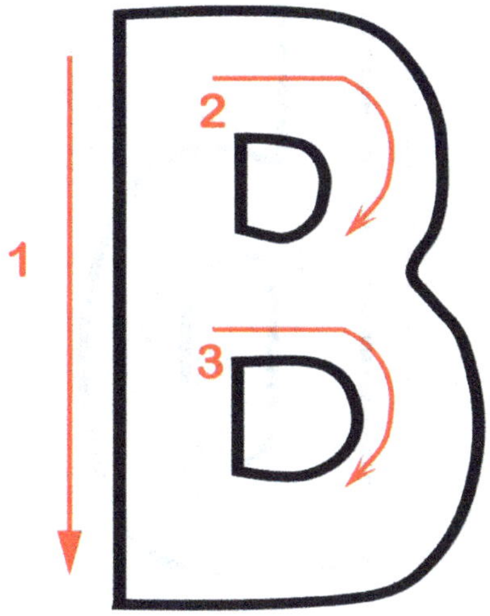

B B B B B b b b b b

Bear

Bear

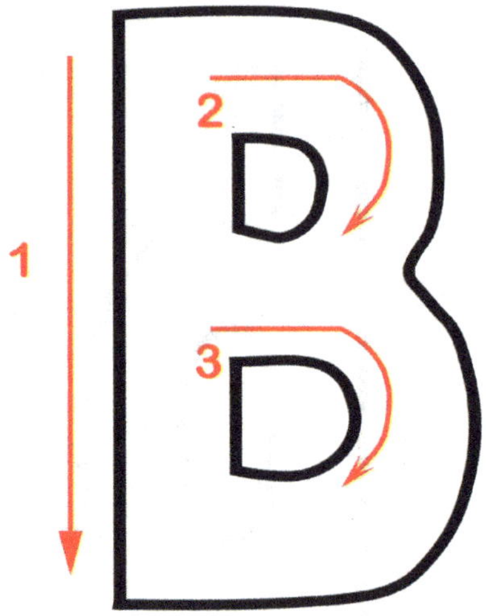

B B B B B b b b b b

Bee

Bee

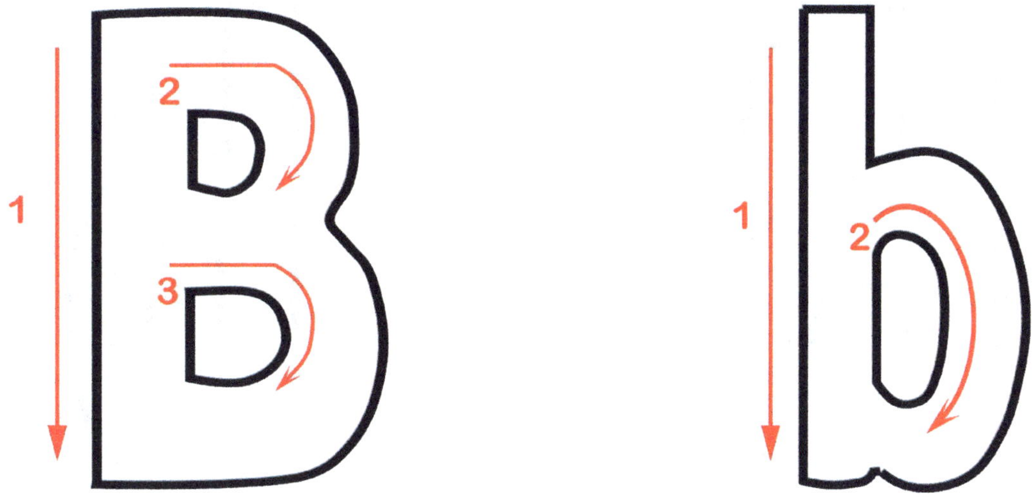


B B B B B b b b b b

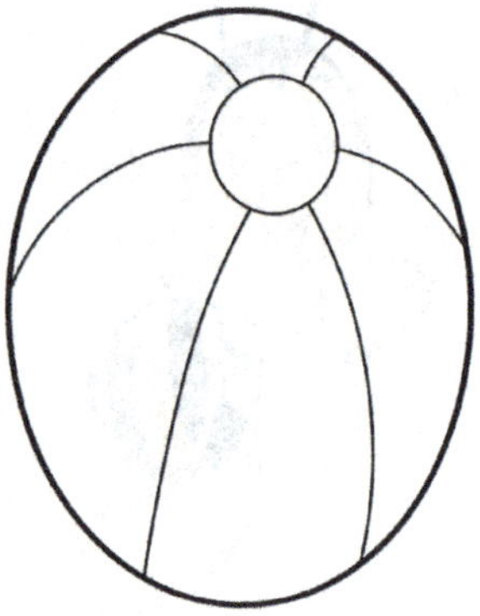

Ball

Ball

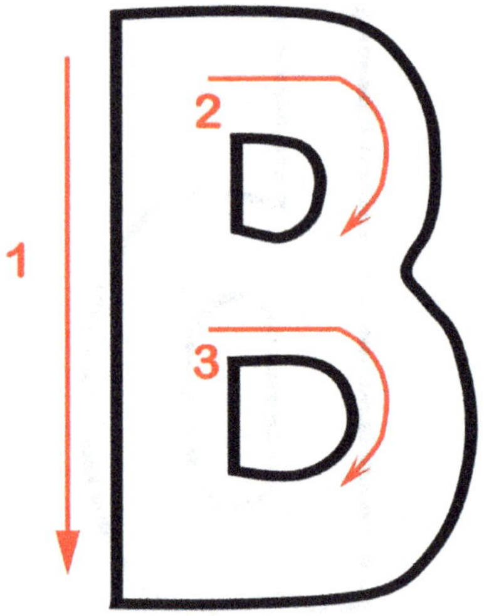

B B B B B b b b b b

C

Candy

**C**ake

C c

C C C C C c c c c c

Caterpillar

Caterpillar

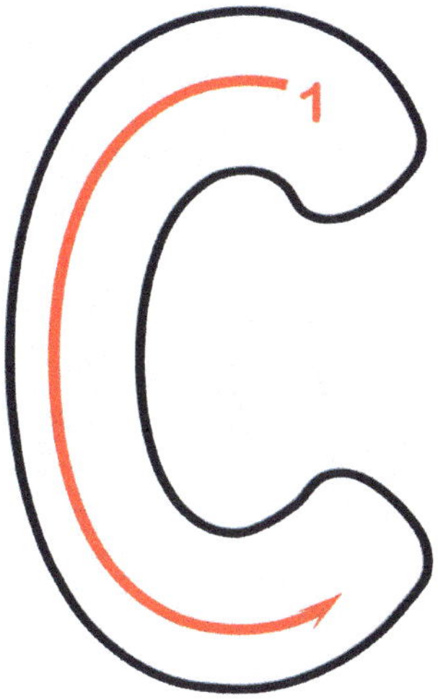


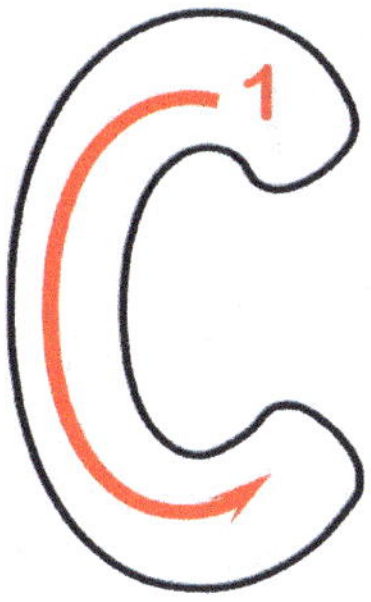

Cat

Cat

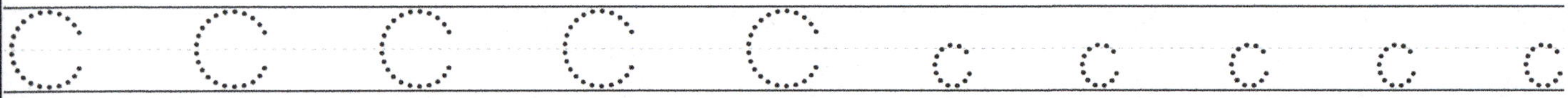

Candy

Candy

C c

C C C C C c c c c c

D

Deer

Deer

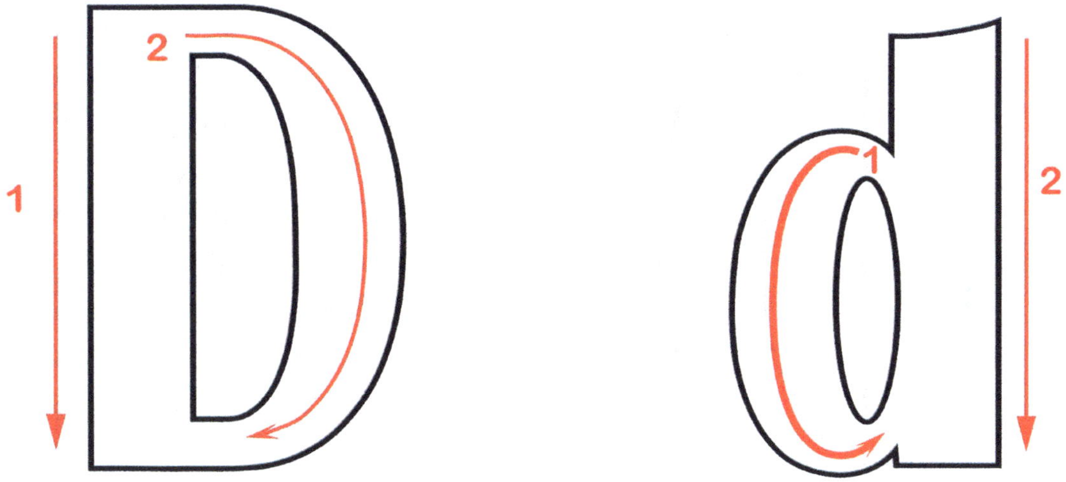


D D D D D d d d d d

Dog

Dog

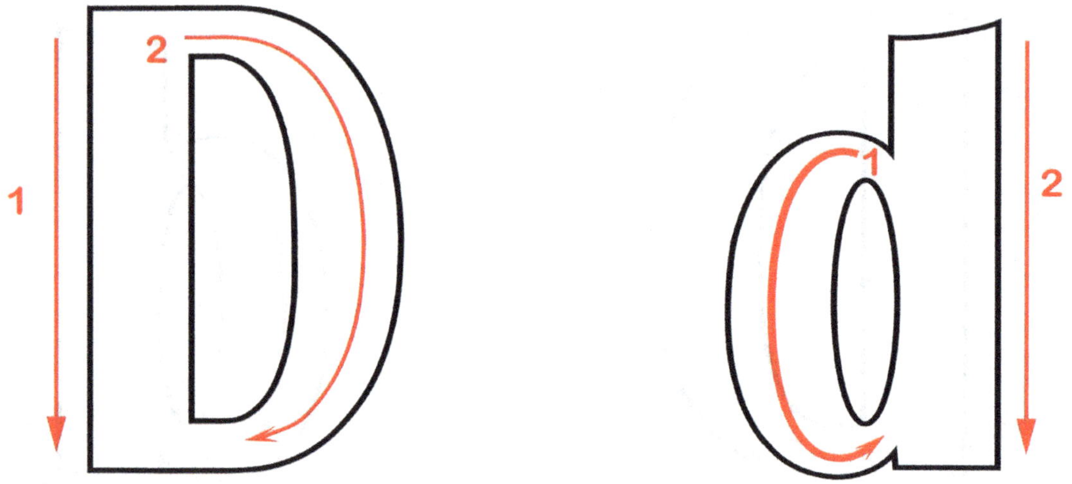


D D D D D d d d d d

Doll

Doll

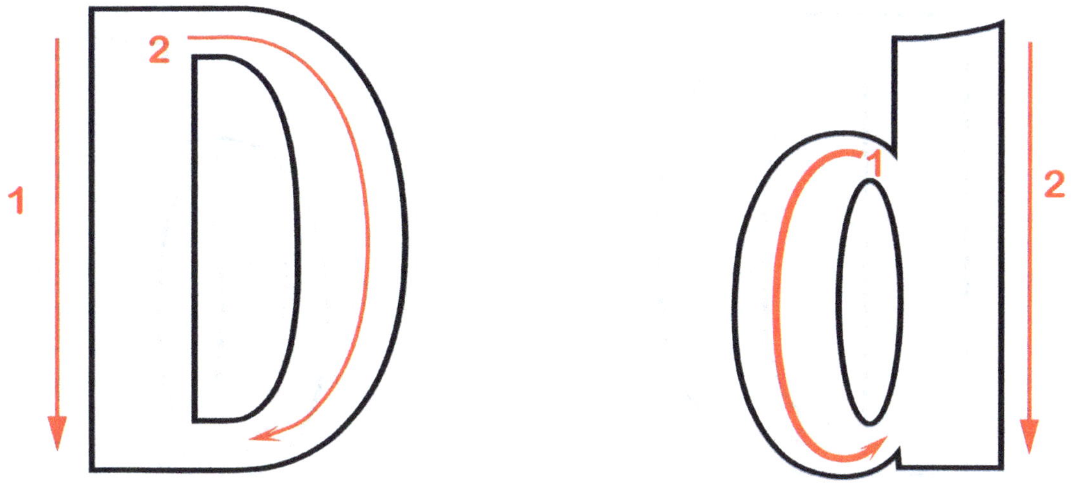


D D D D D d d d d d

Duck

Duck

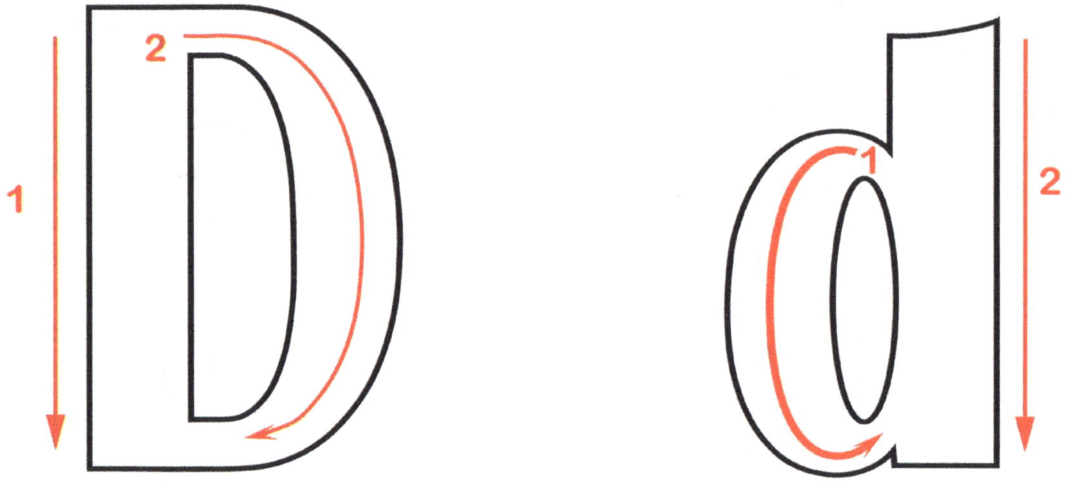


D D D D D d d d d d

E

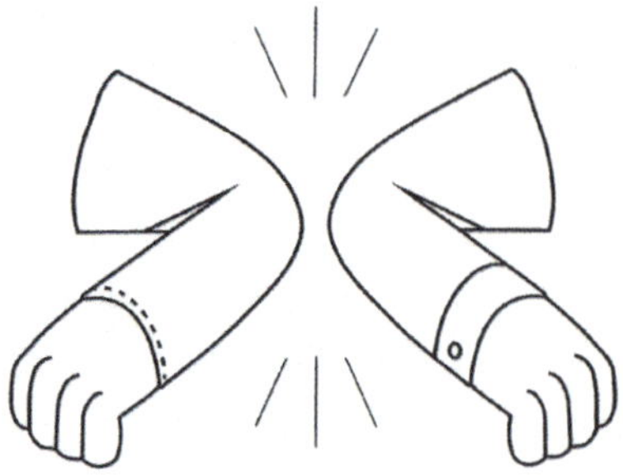

Elbow

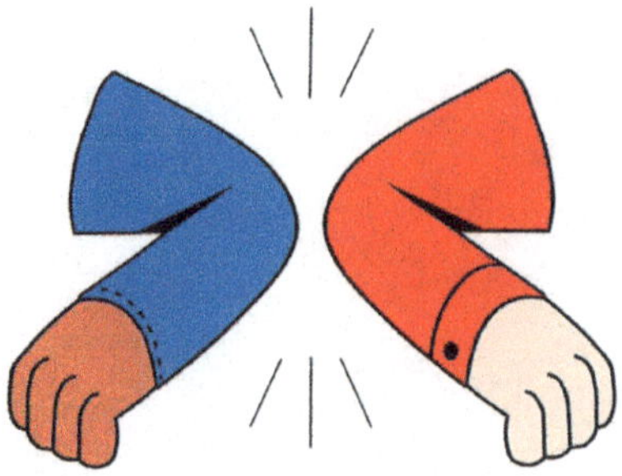

Elbow

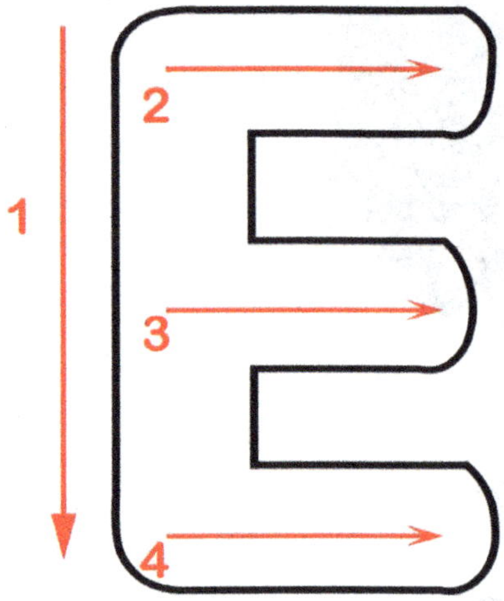


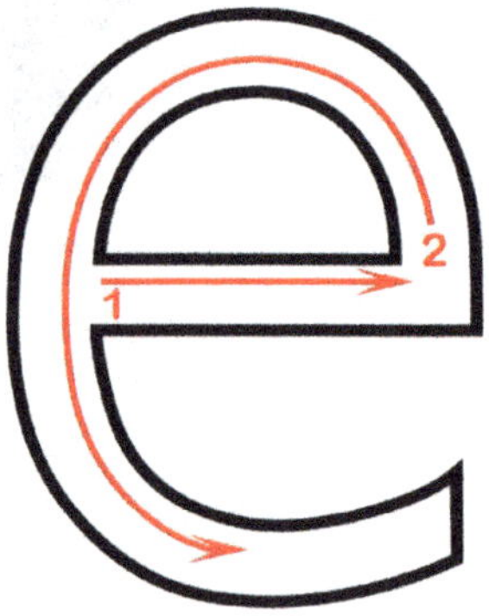


E E E E E e e e e e

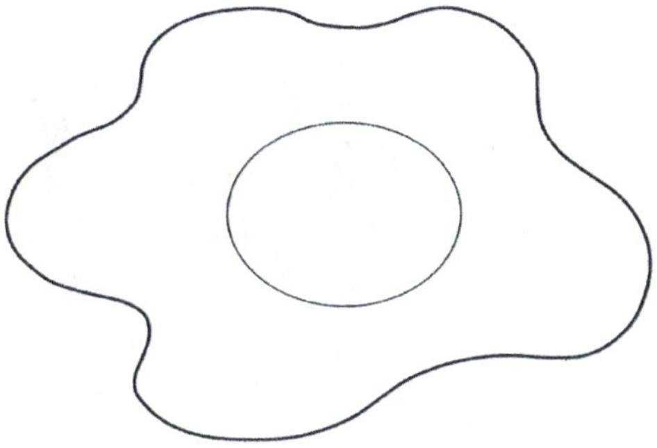

Egg

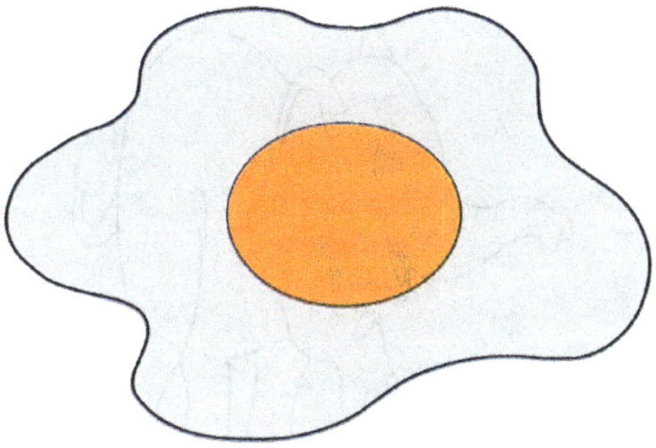

Egg

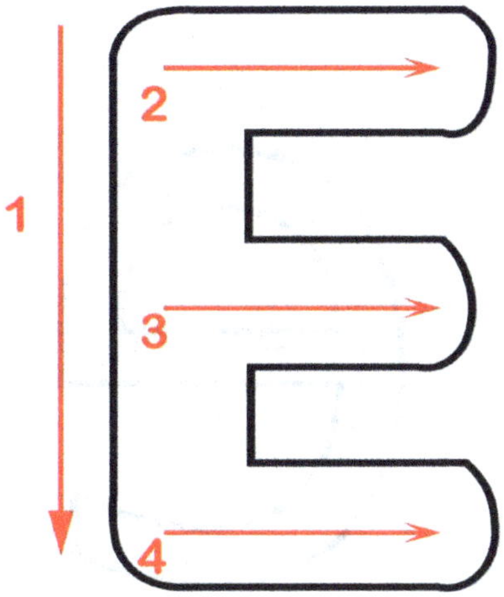


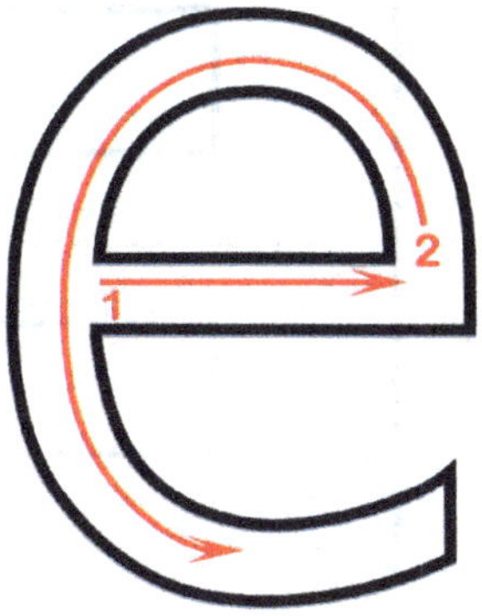


E E E E E e e e e e

Elephant

Elephant

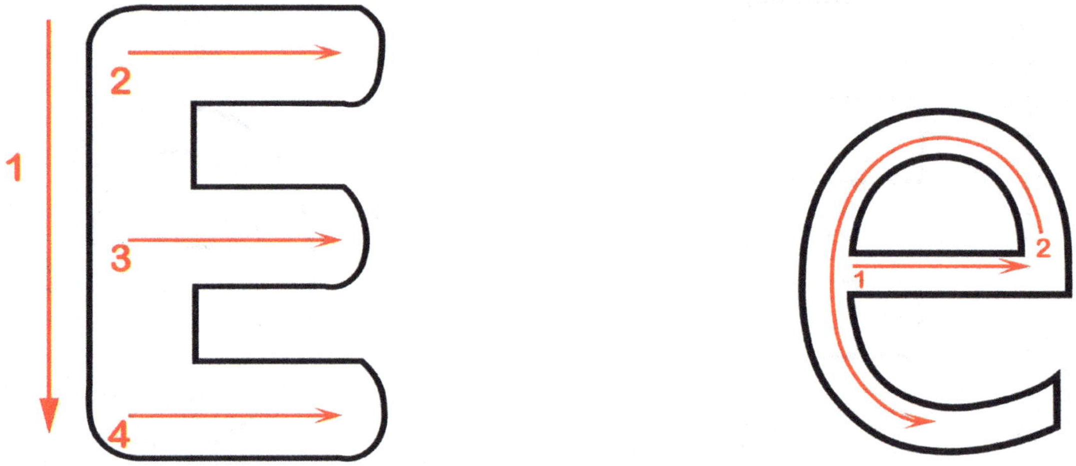


E E E E E e e e e e

F

Frog

Frog

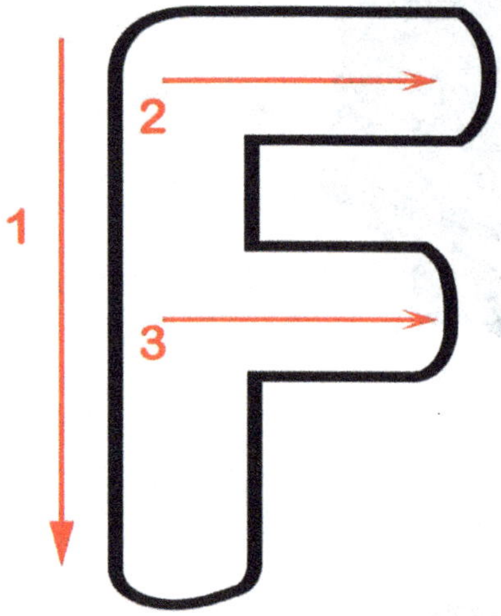

F F F F F f f f f f

Fish

Fish

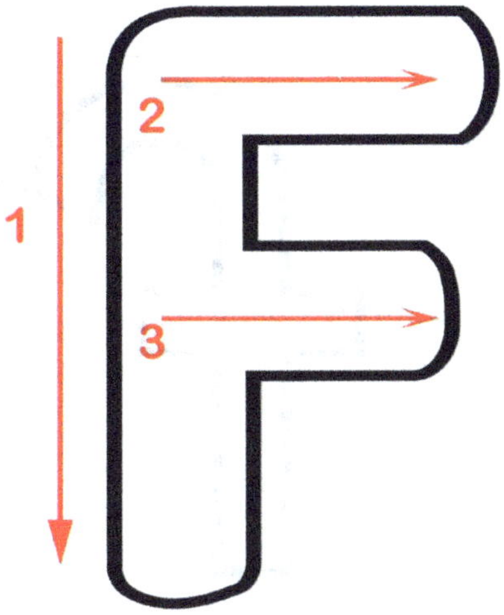

F F F F F f f f f f

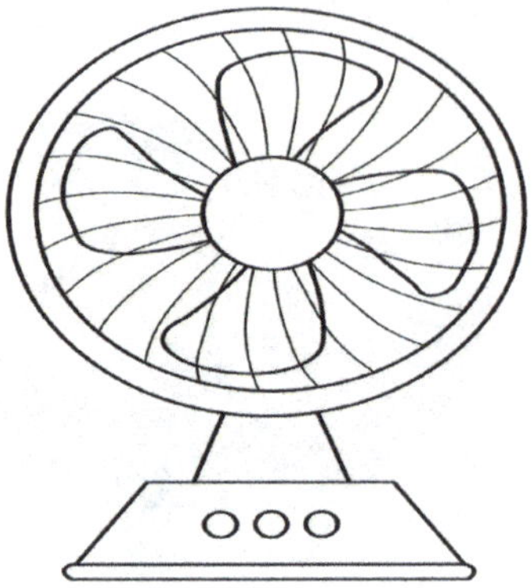

Fan

Fan

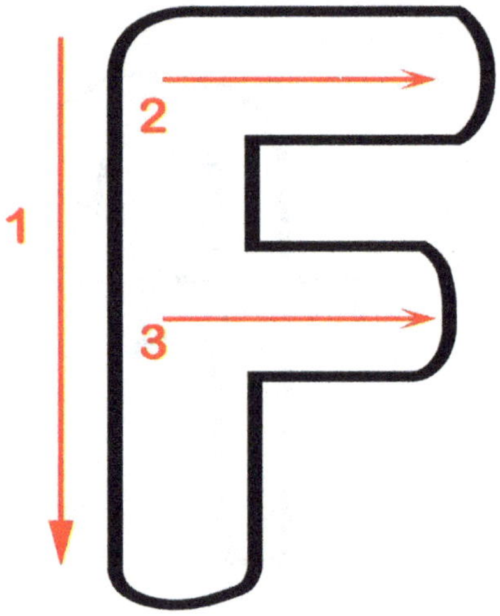

F F F F F f f f f f

Flower

Flower

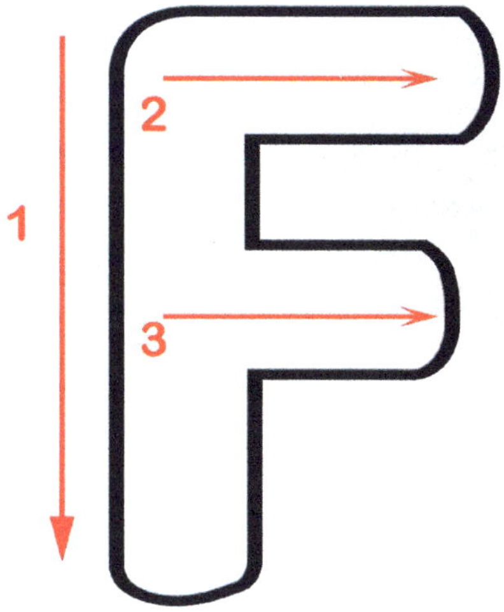

F F F F F f f f f f

G

Grass

Grass

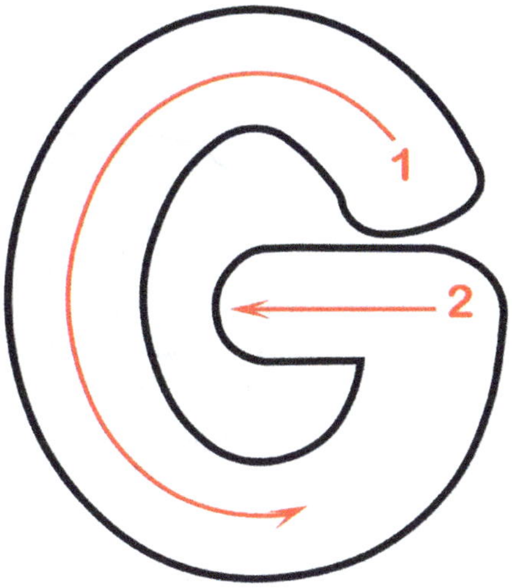


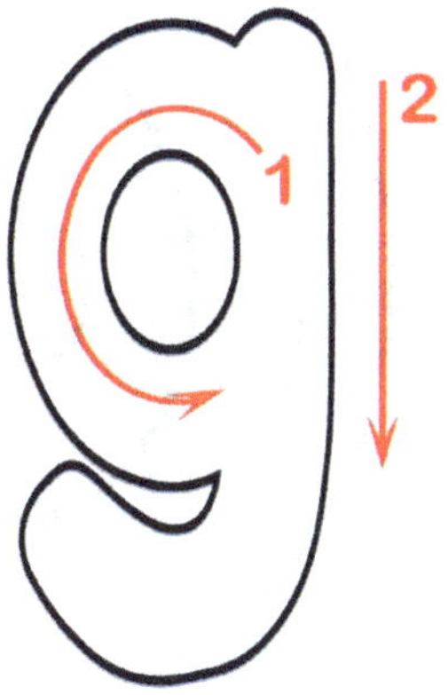


G G G G G g g g g g

Gift

Gift

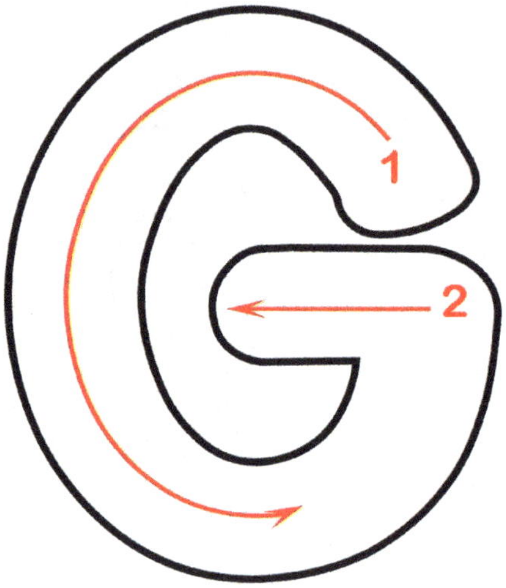

Grapes

Grapes

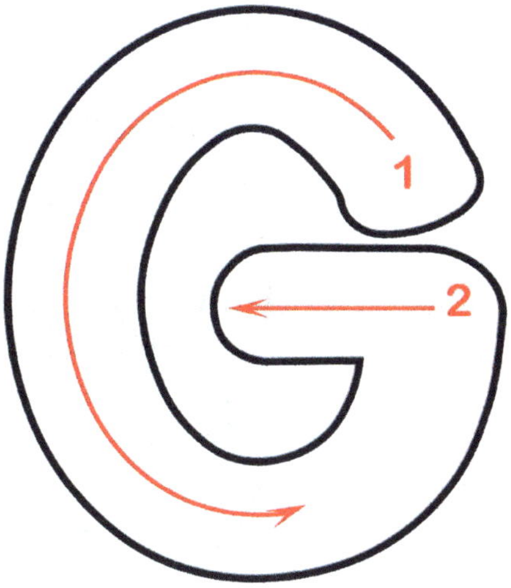


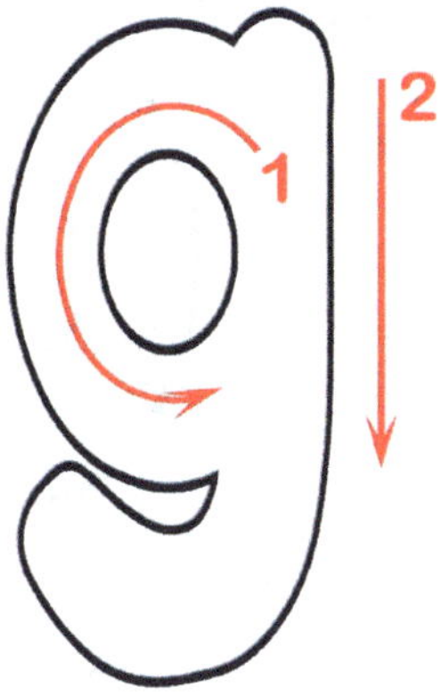


G G G G G g g g g g

Goat

Goat

G G G G G g g g g g

H

Horse

Horse

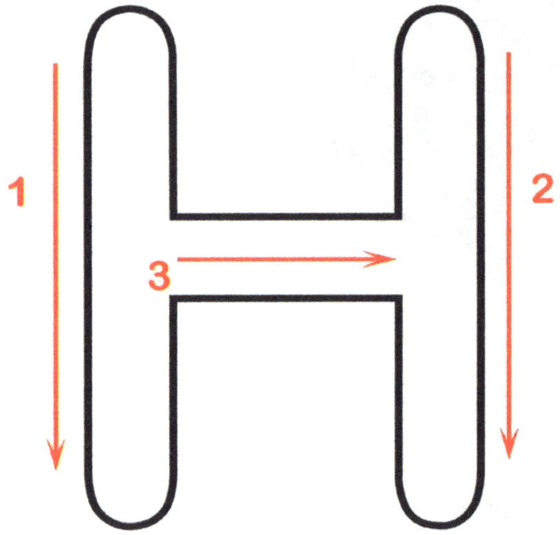


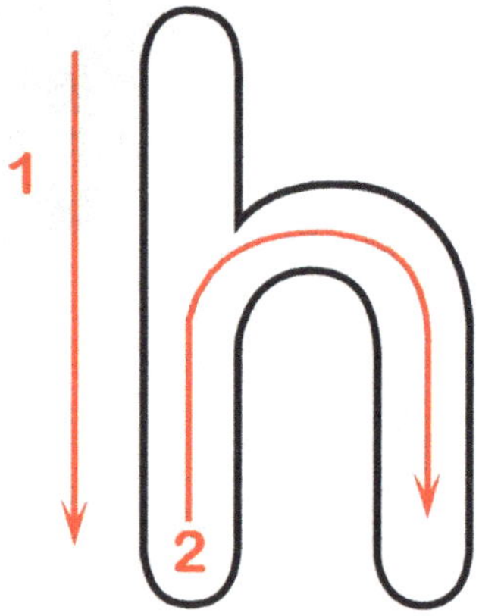


H H H H H h h h h

Hen

Hen

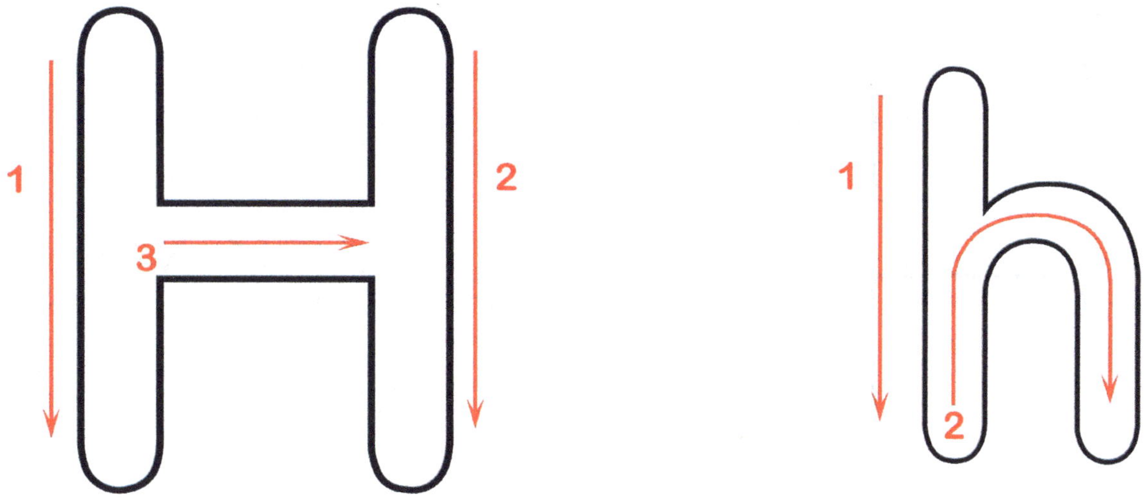


H H H H H h h h h

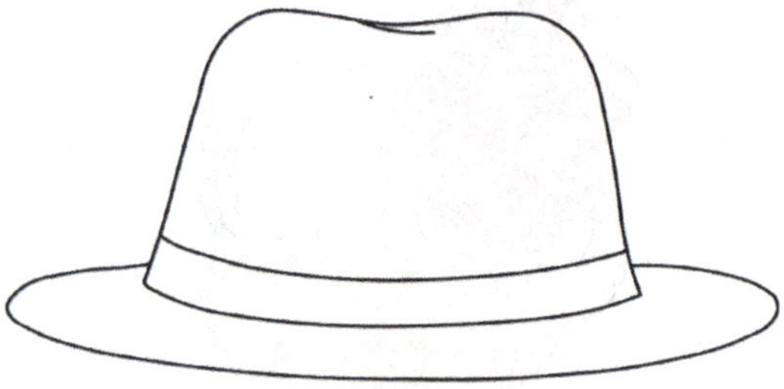

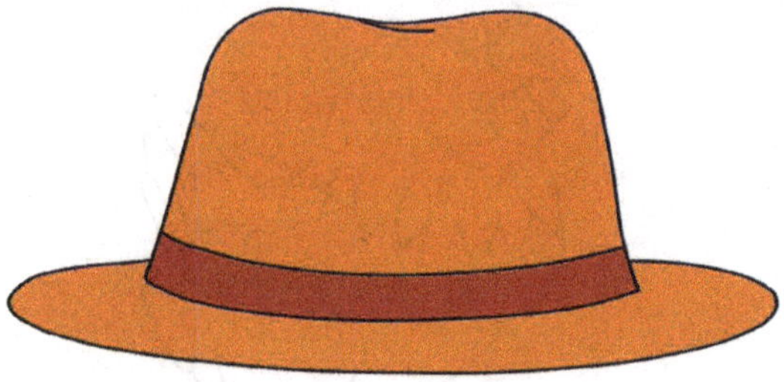

Hat

Hat

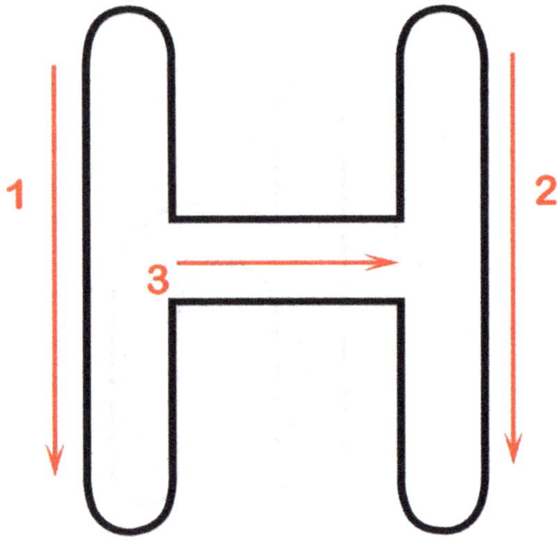


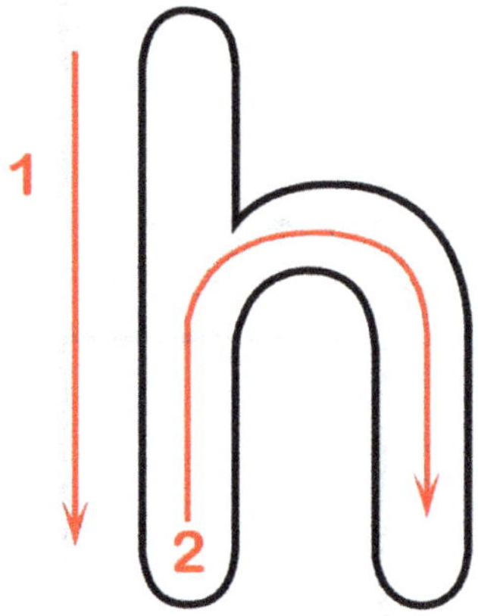


H H H H H h h h h

Heart

Heart

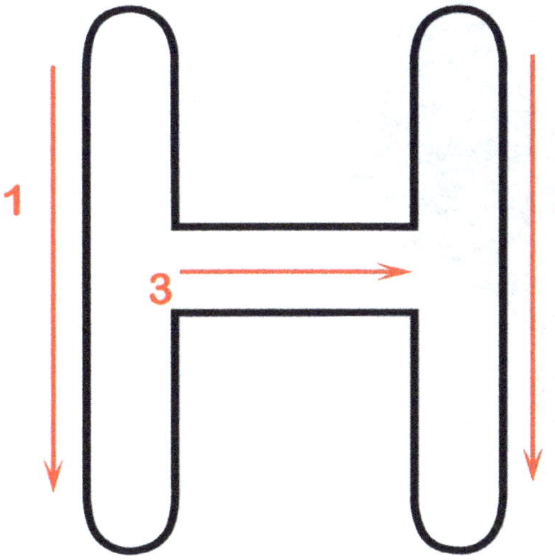


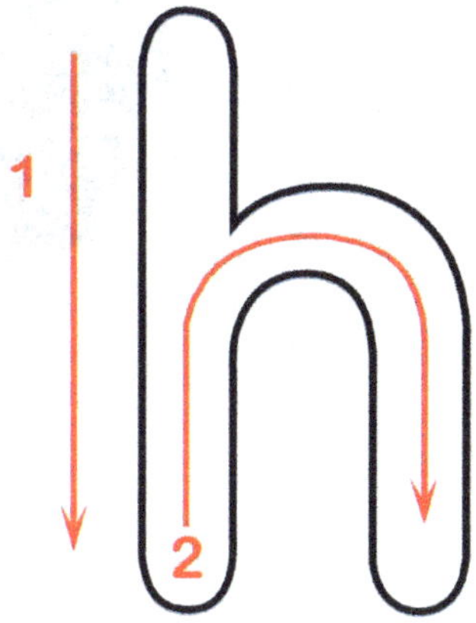


H H H H H h h h h

I

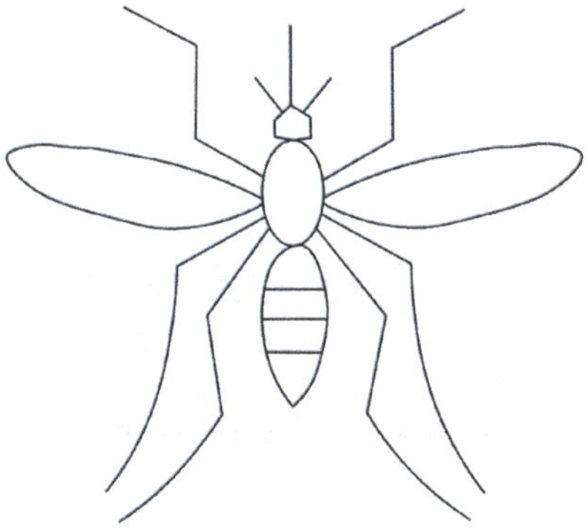

Insect

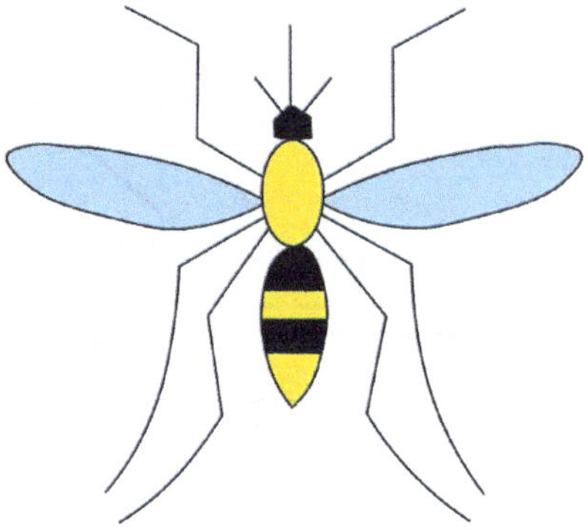

Insect

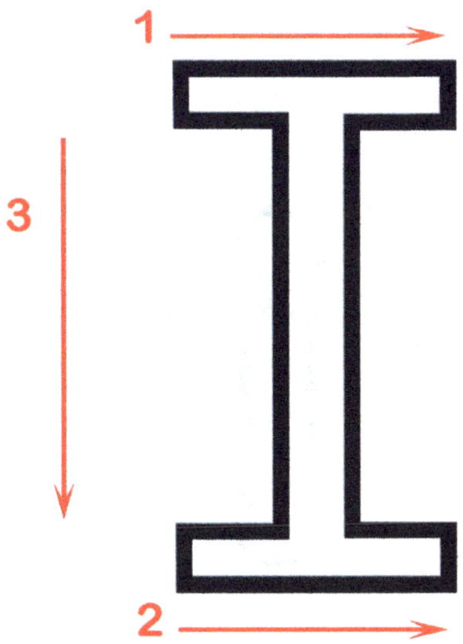


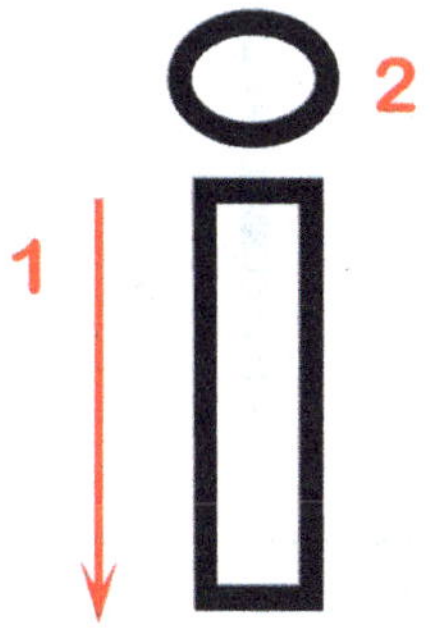

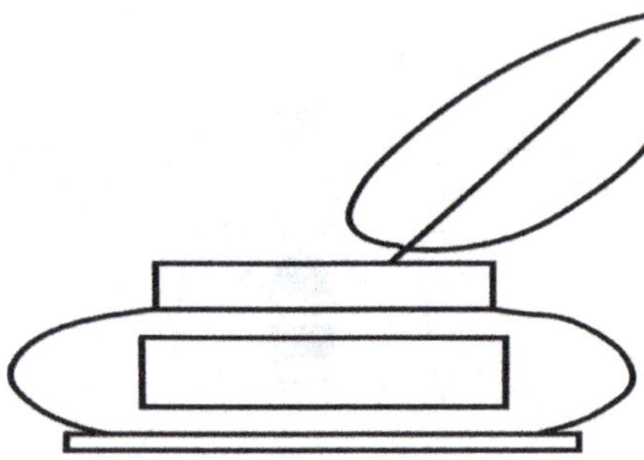

Ink

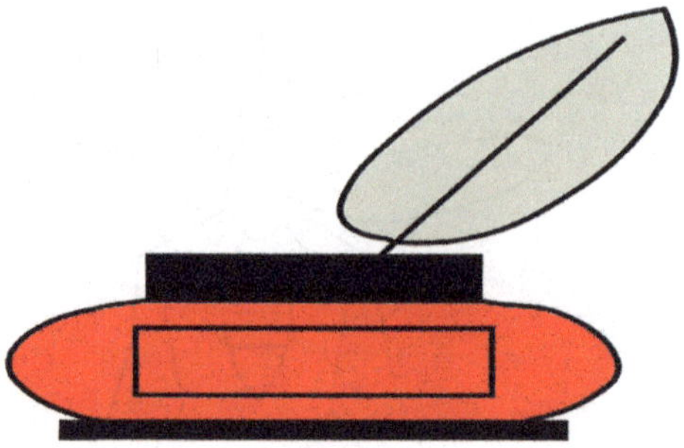

Ink

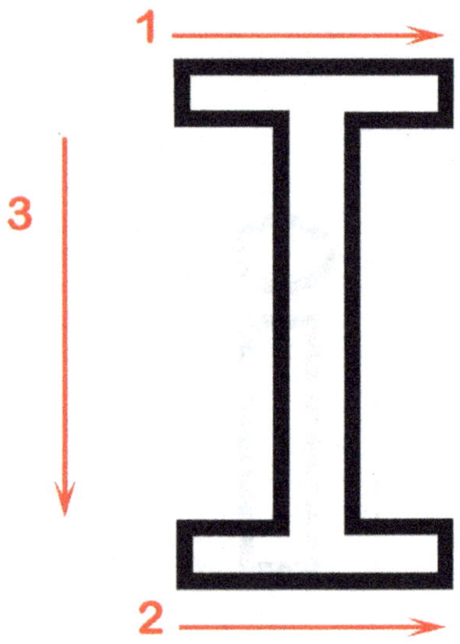


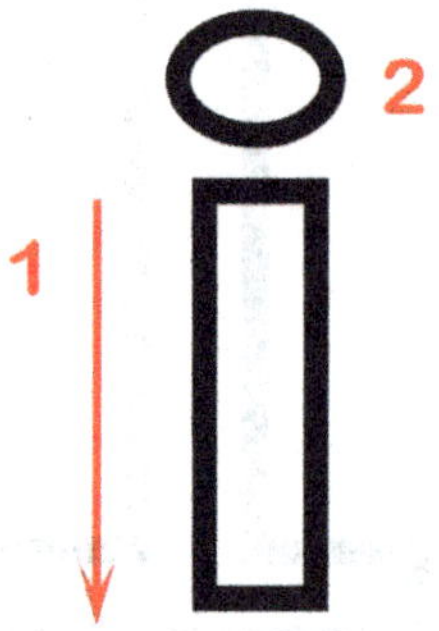

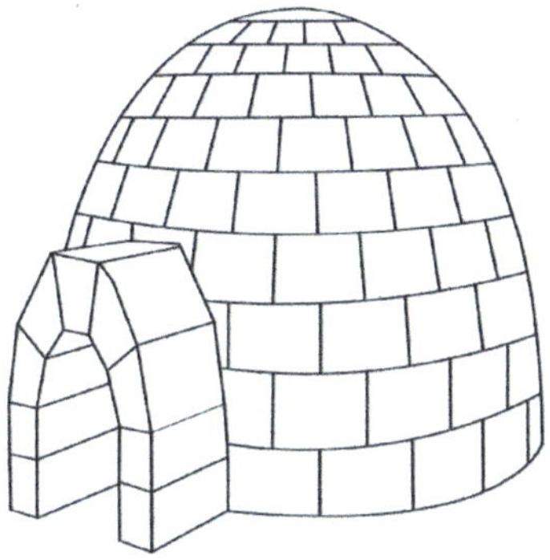

Igloo

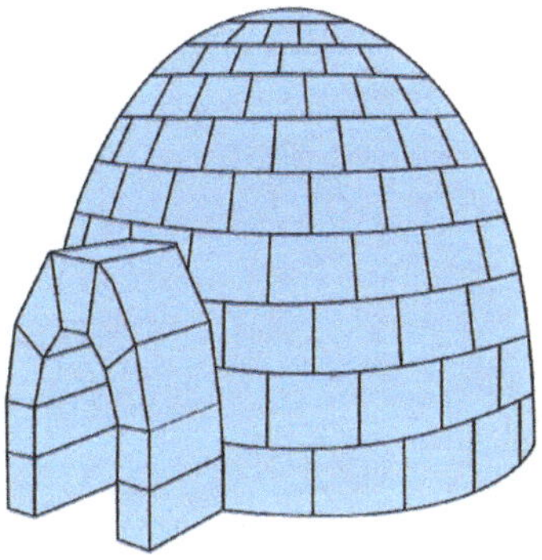

Igloo

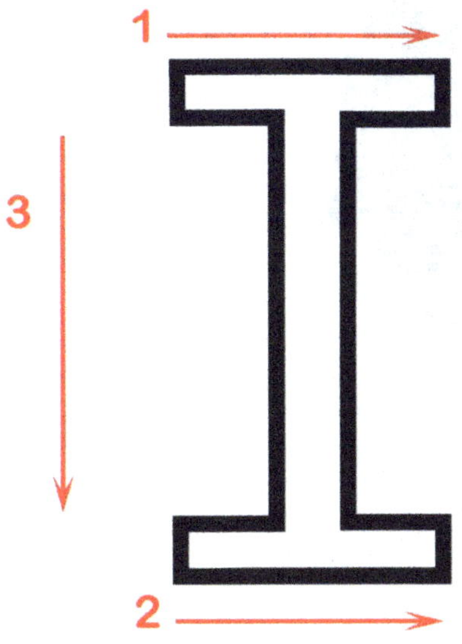

J

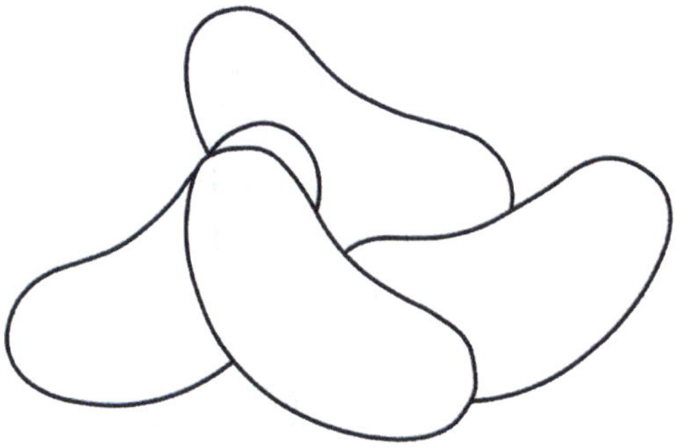

Jellybean

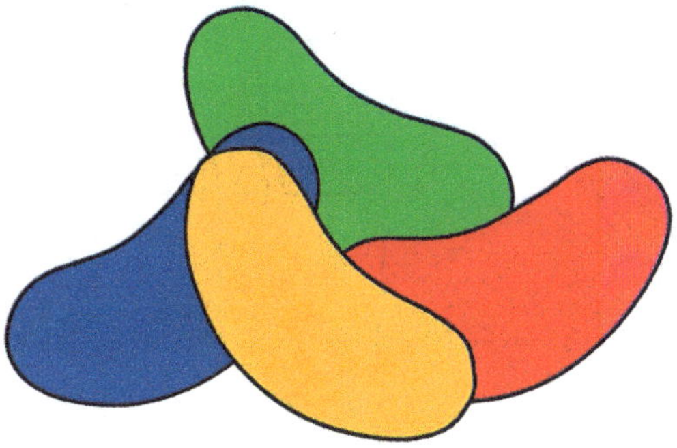

Jellybean

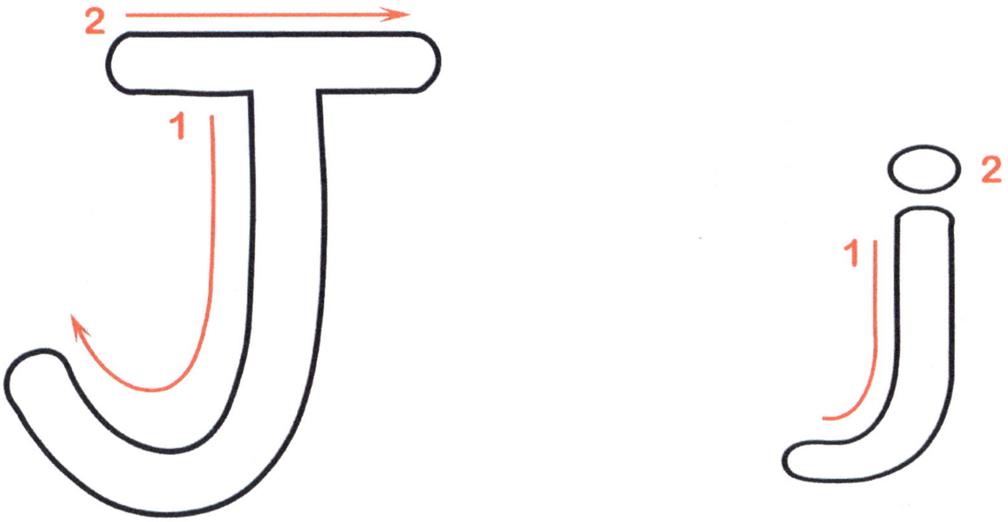


J J J J J j j j j j

Juice

Juice

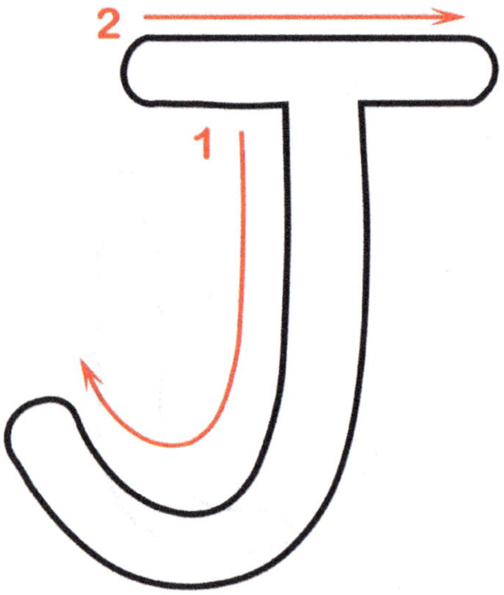


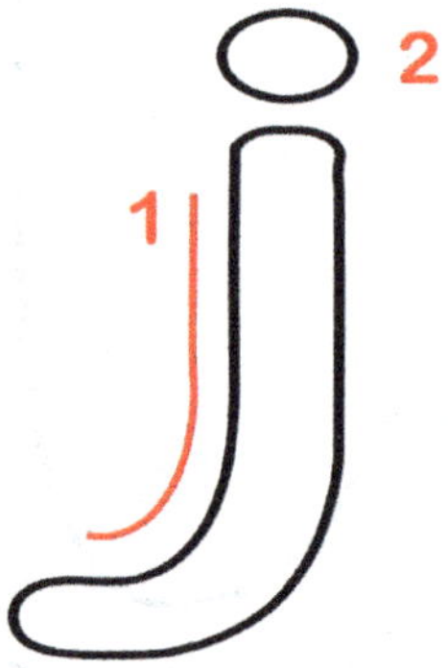


J J J J J j j j j j

Jug

Jug

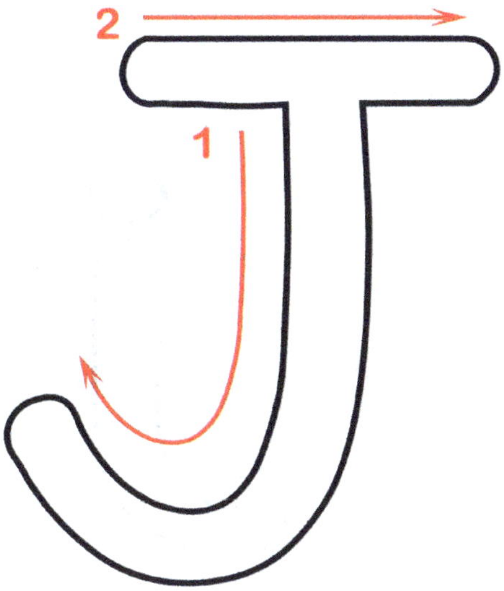


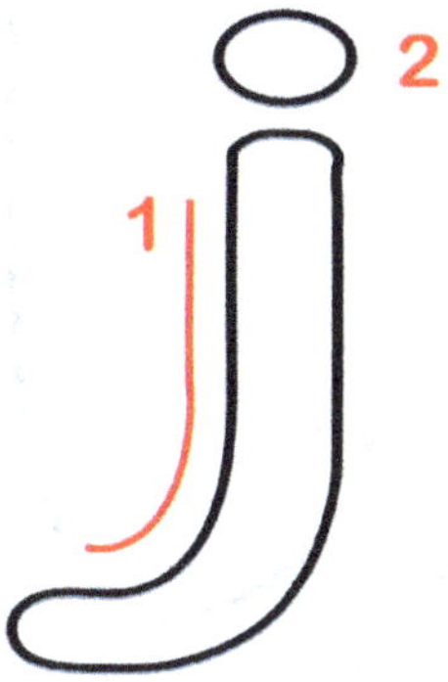


J J J J J j j j j j

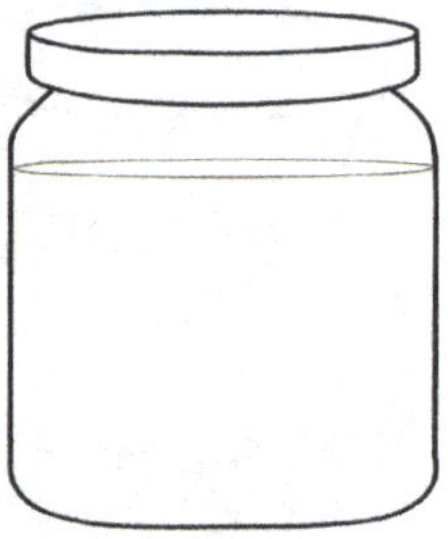

Jar

Jar

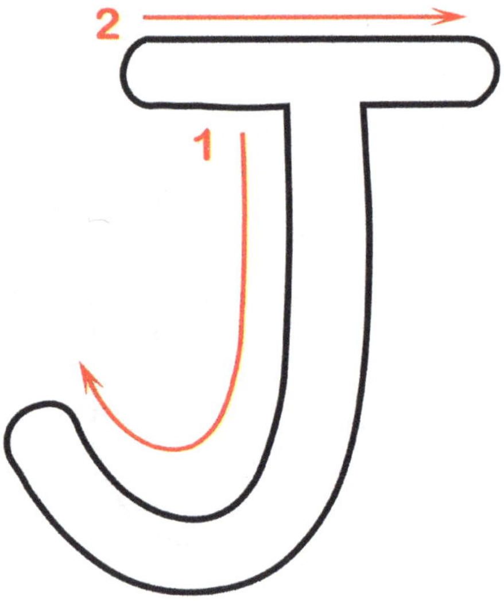


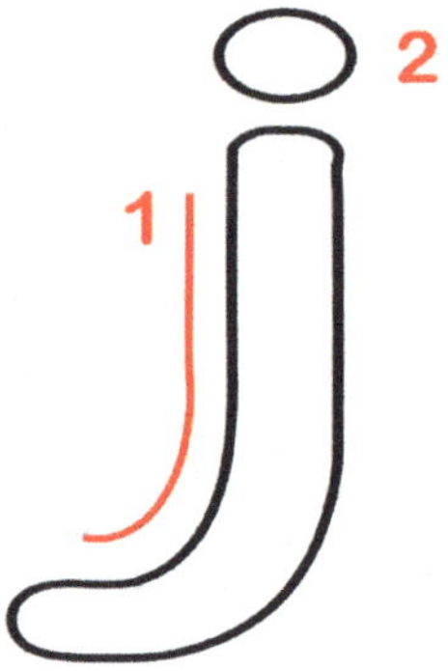


J J J J J j j j j j

K

Kettle

Kettle

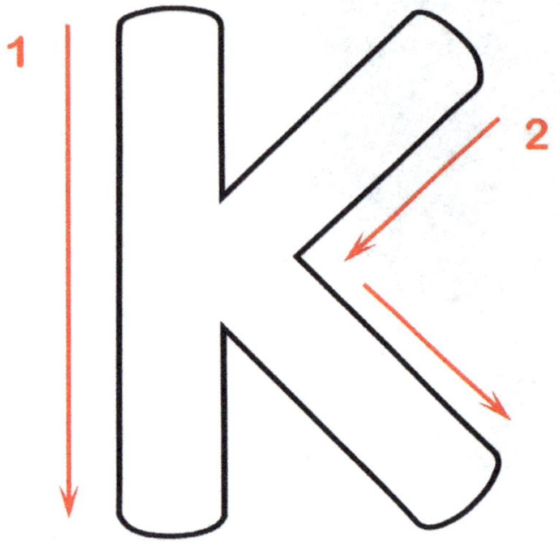


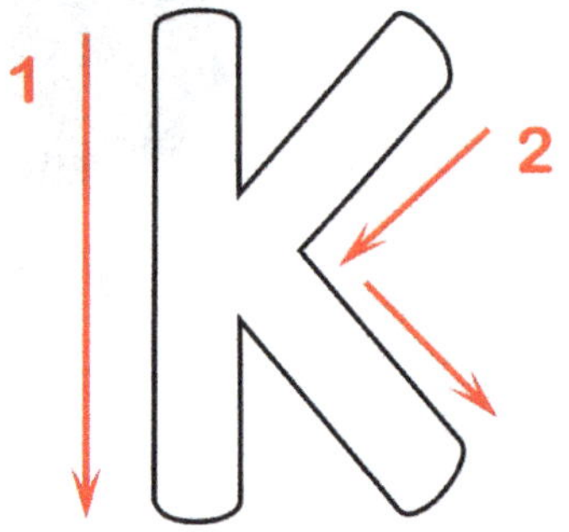


K K K K K k k k k k

Kangaroo

Kangaroo

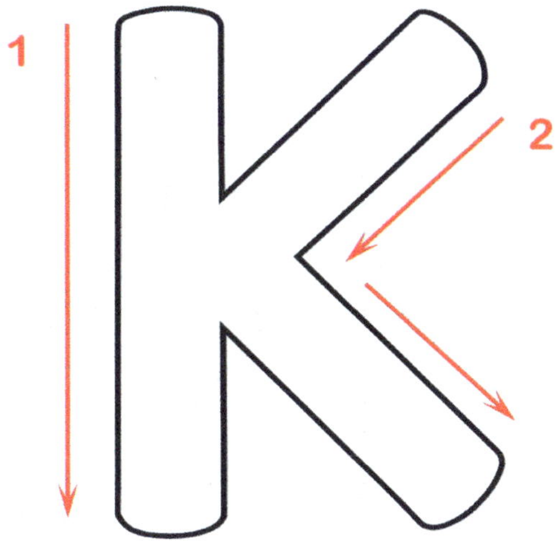


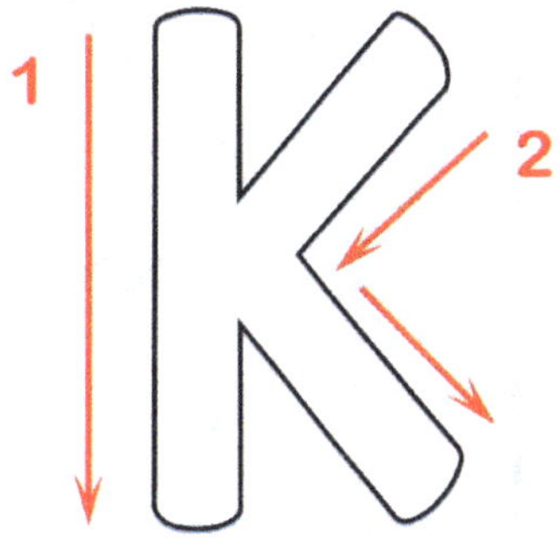


K K K K K k k k k k

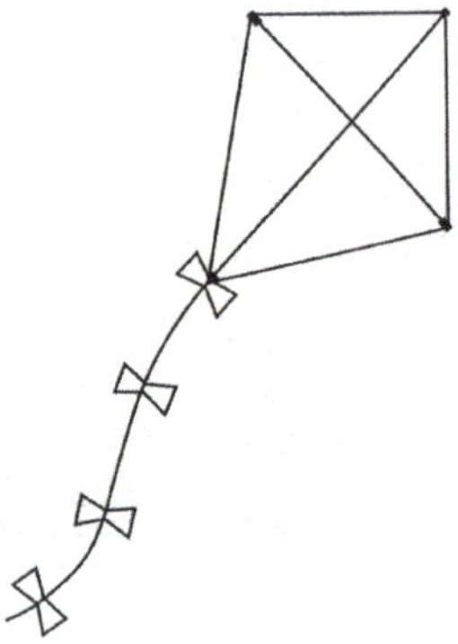

Kite

Kite

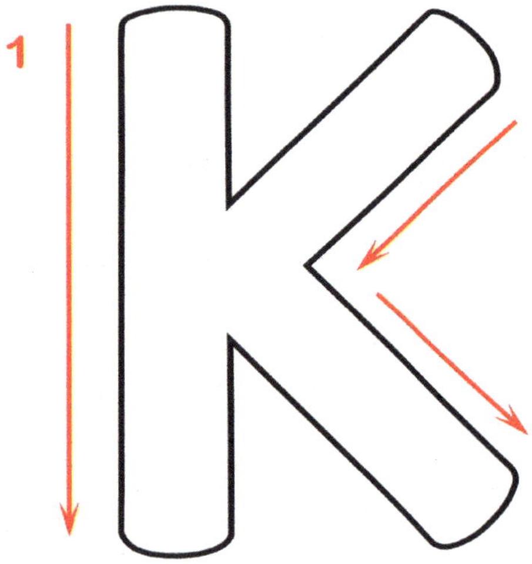


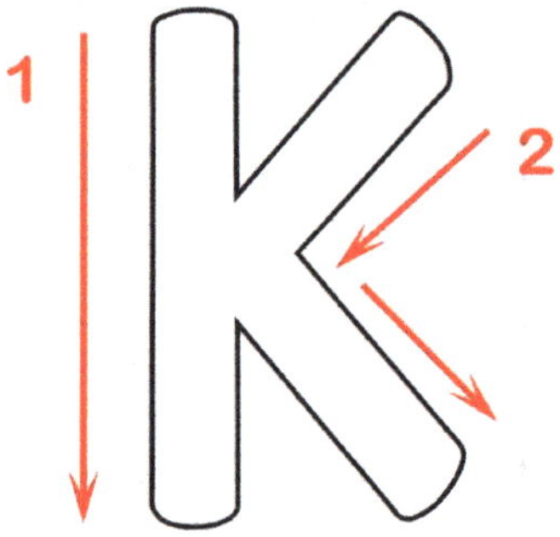


K K K K K k k k k k

Kitten

Kitten

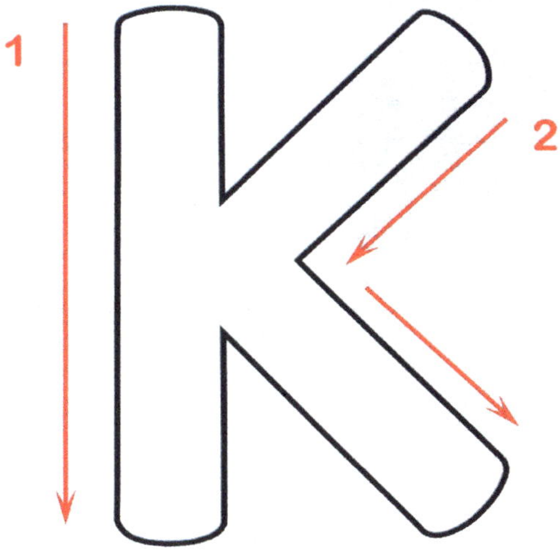


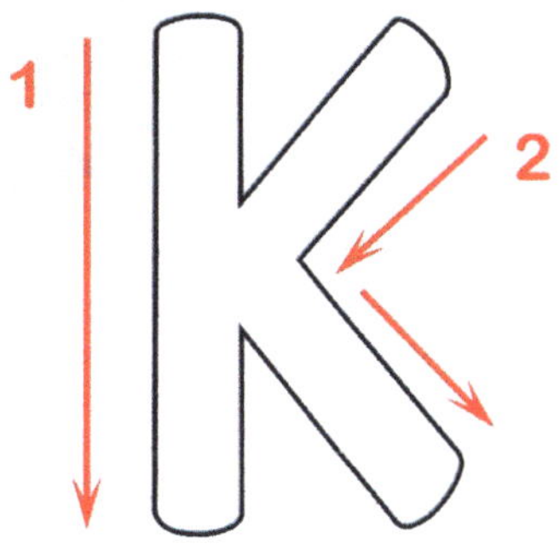


K K K K K k k k k k

L

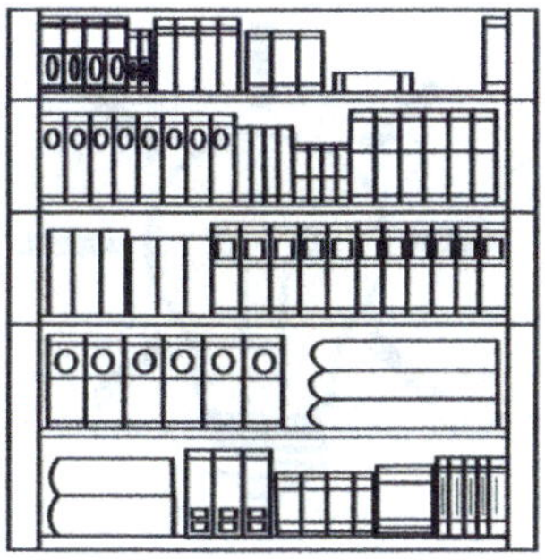

Library

Library

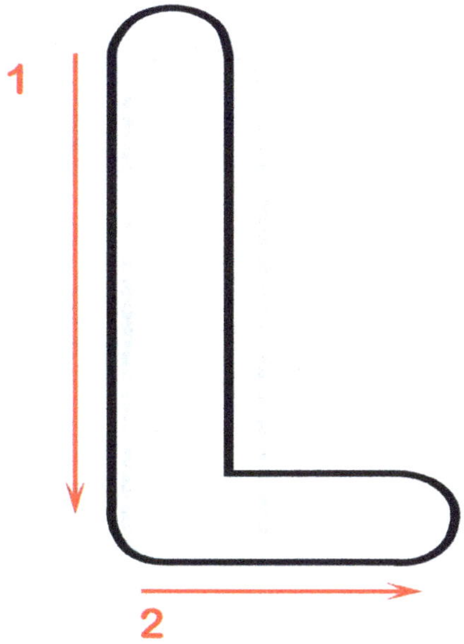


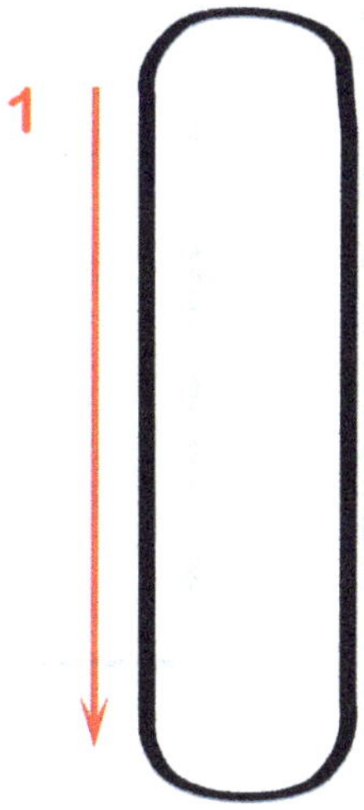

Lamp

Lamp

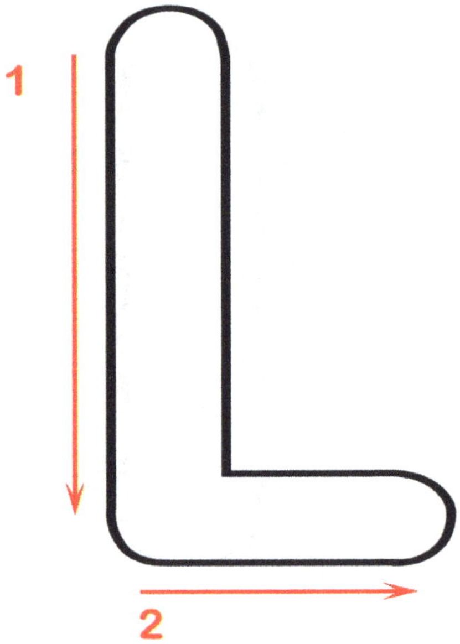


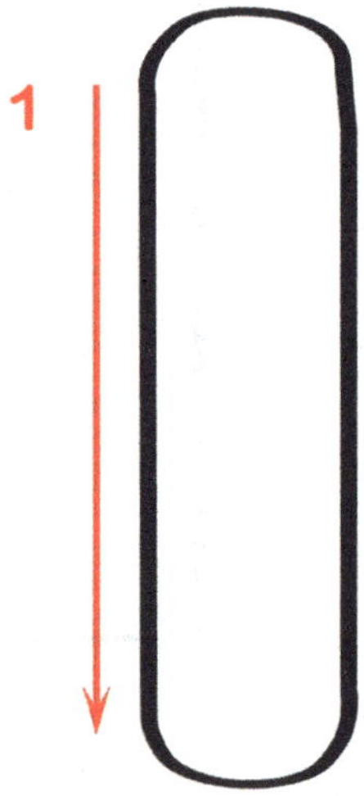


L L L L L l l l l l

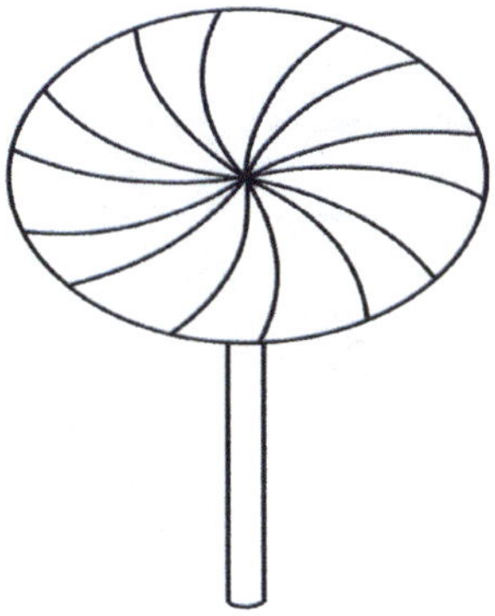

Lollipop

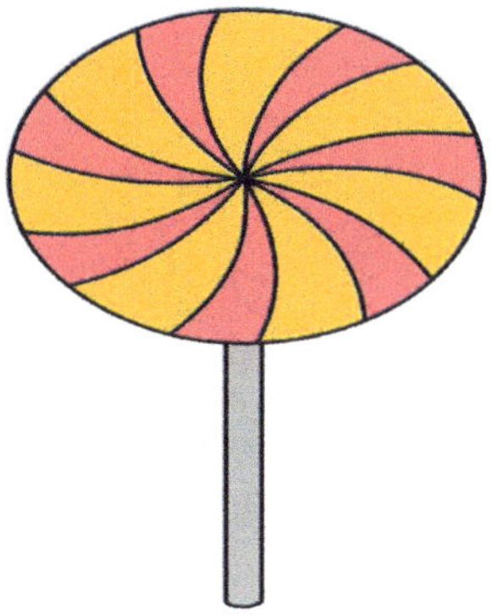

Lollipop

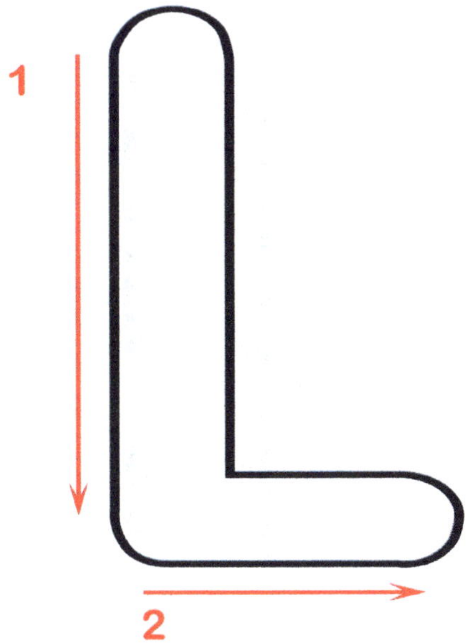


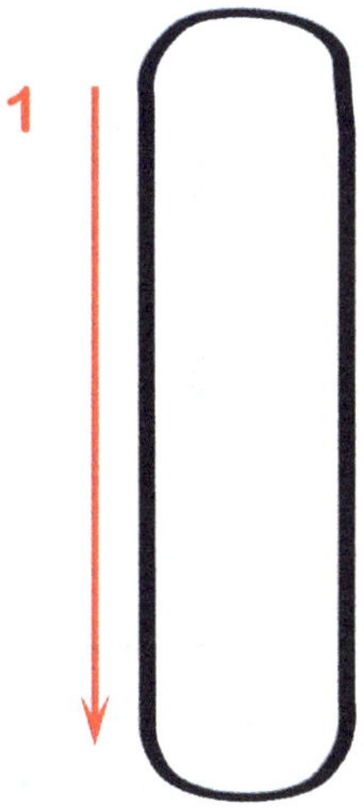

Lion

Lion

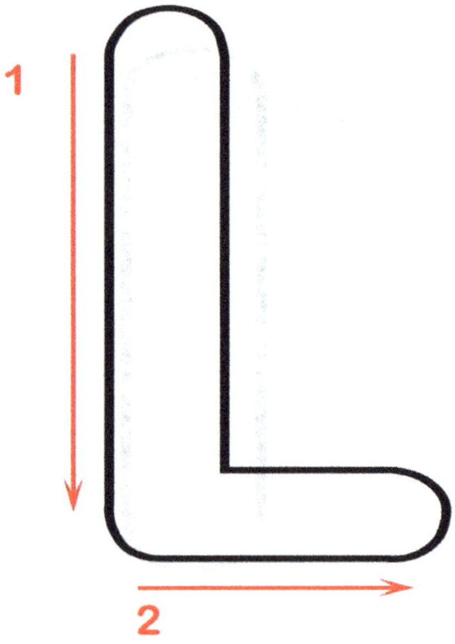

M

Moon

Moon

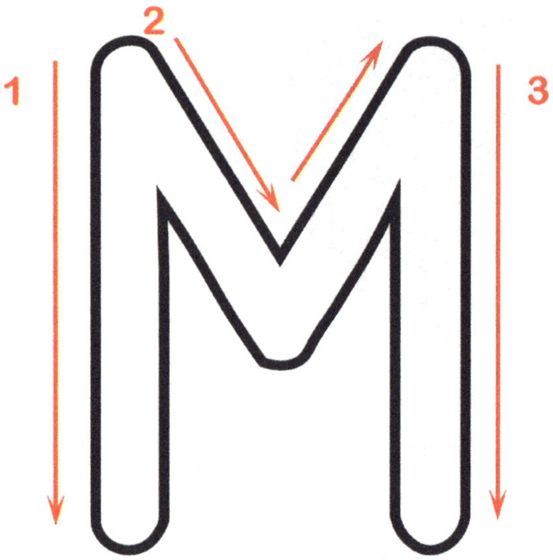


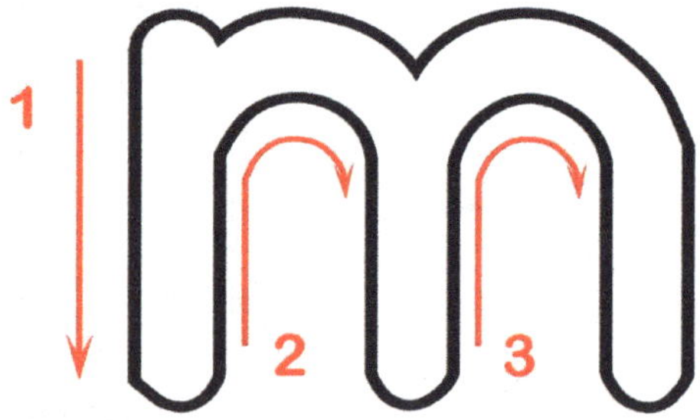


M M M M M m m m m m

Monkey

Monkey

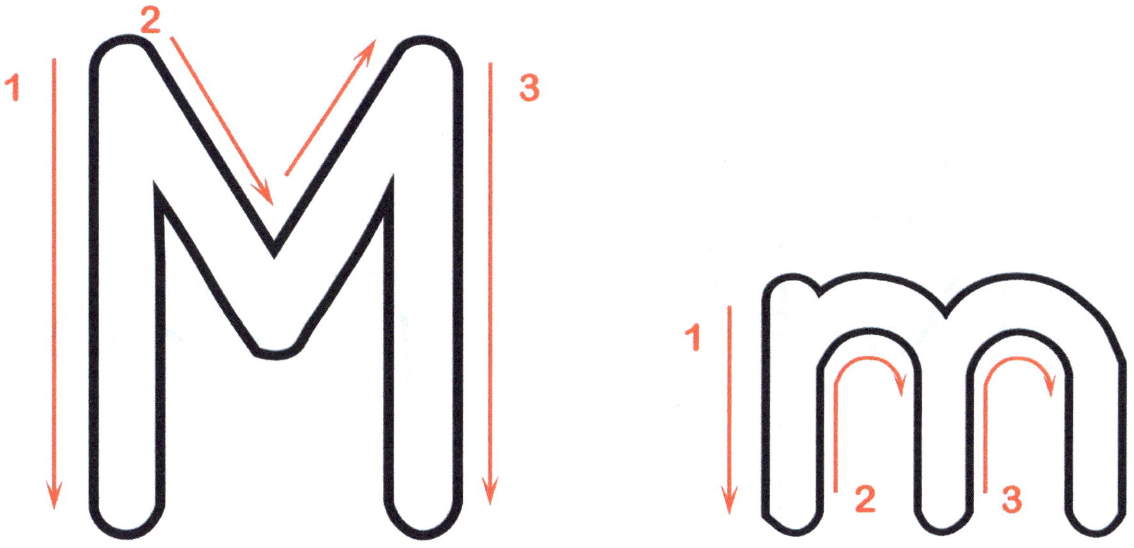


M M M M M m m m m m

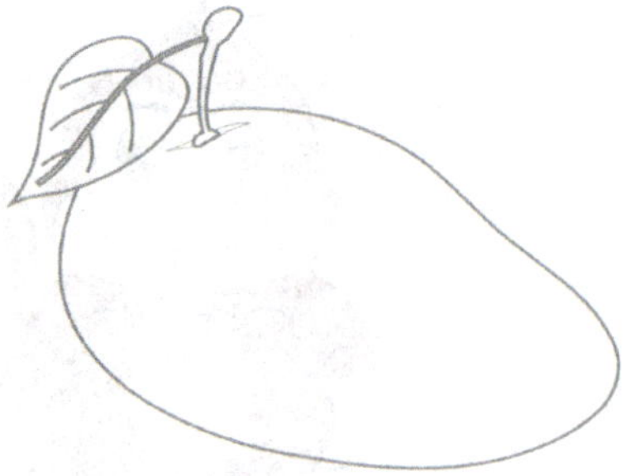

Mango

Mango

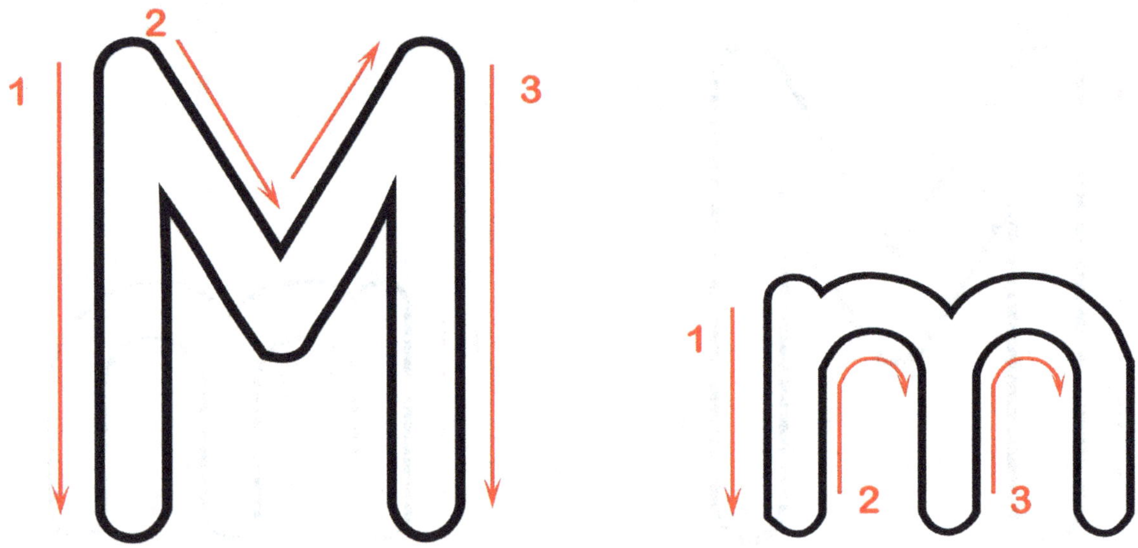


M M M M M m m m m m

Mug

Mug

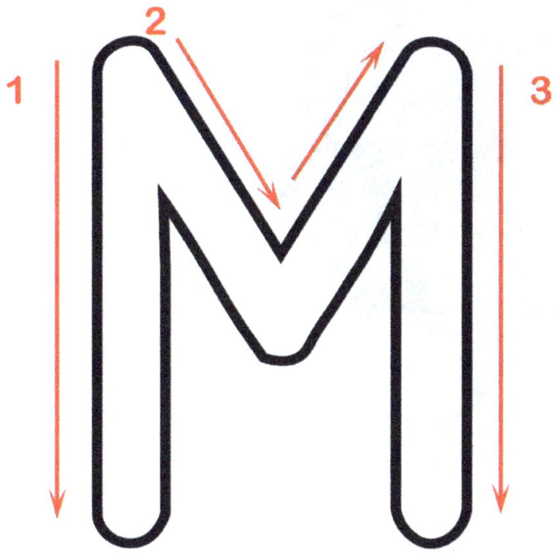


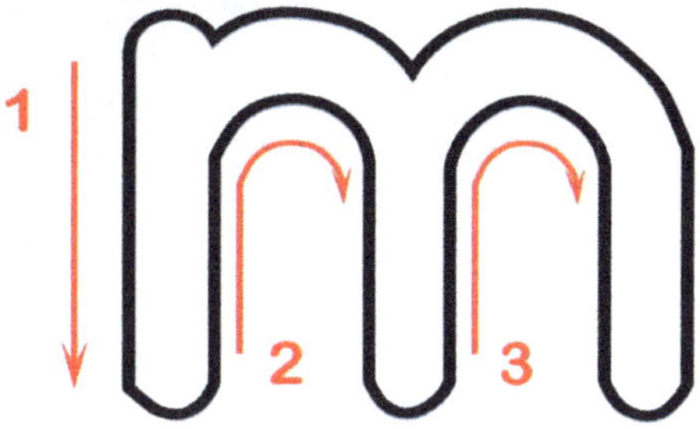


M M M M M m m m m m

N

Nine

Nine

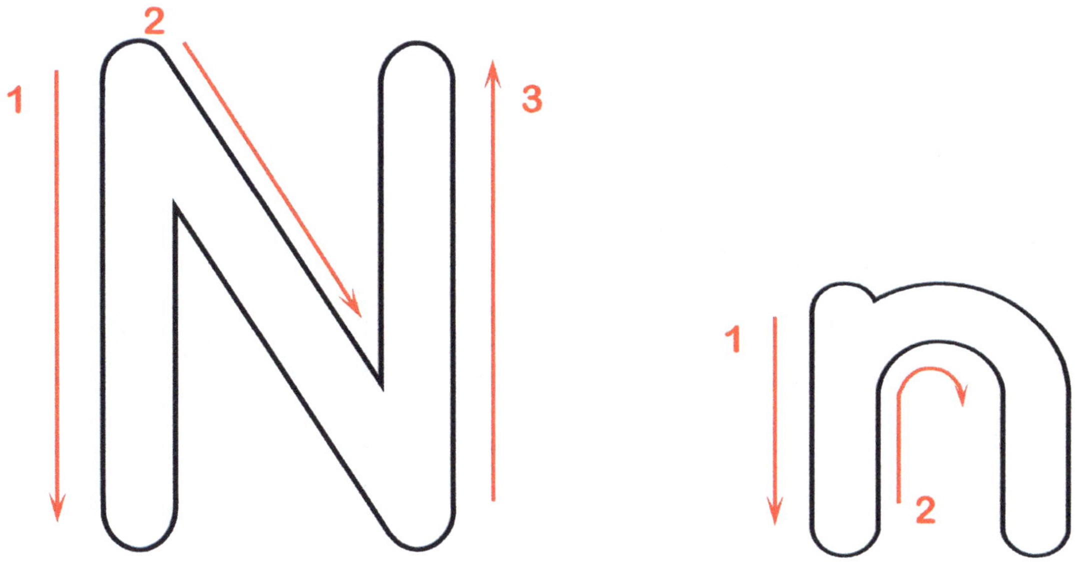


N N N N N n n n n n

Nest

Nest

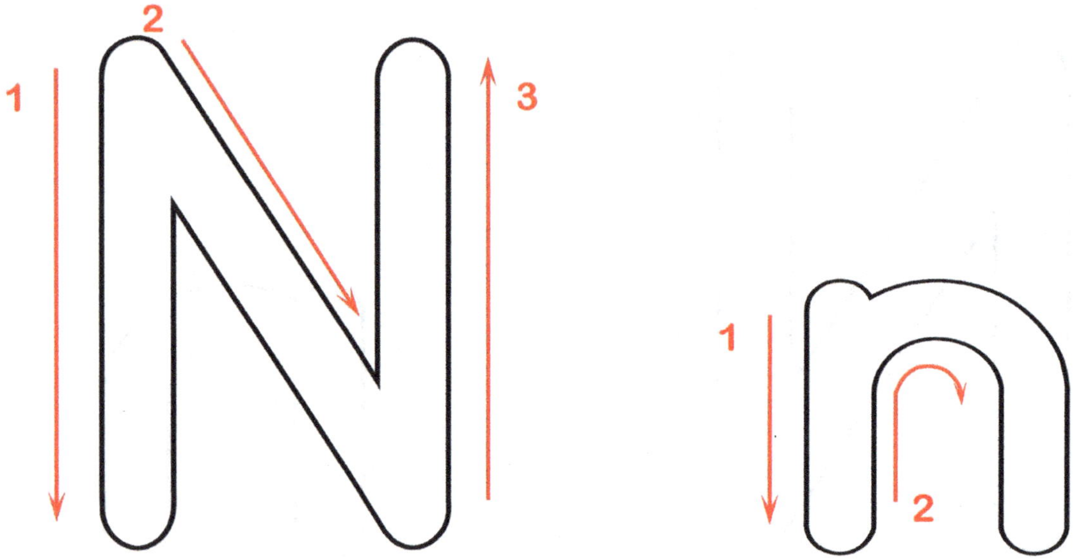


N N N N N n n n n n

Nurse

Nurse

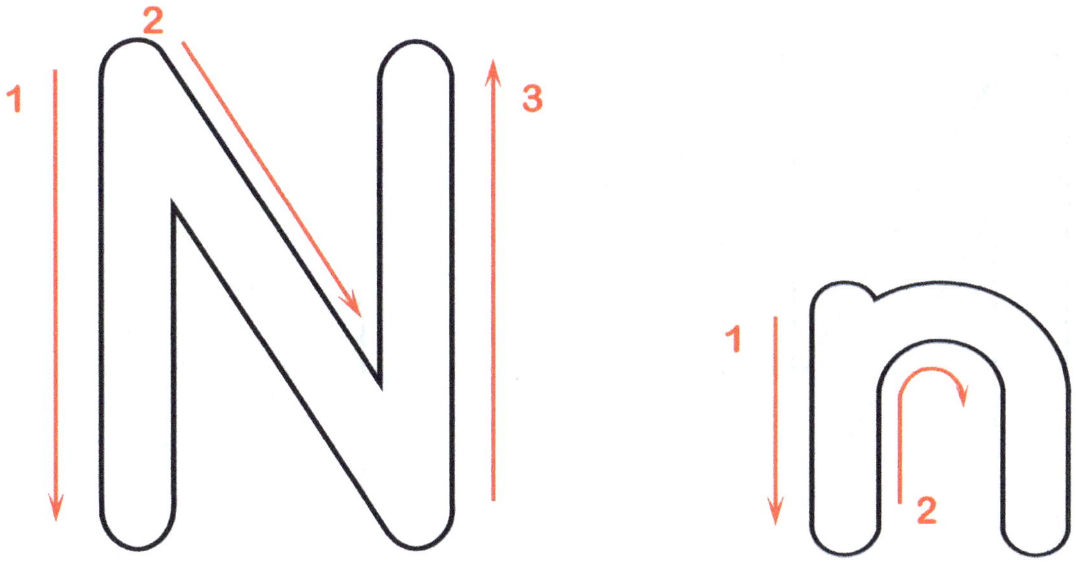


N N N N N n n n n n

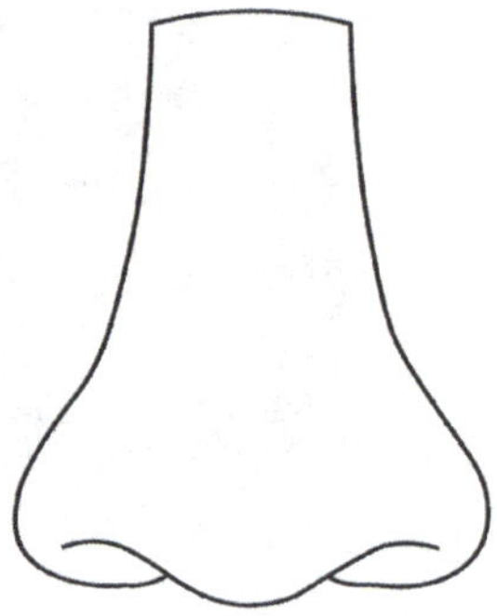

Nose

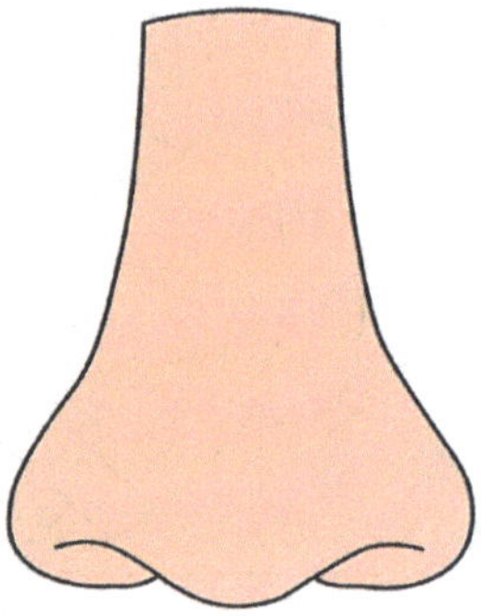

Nose

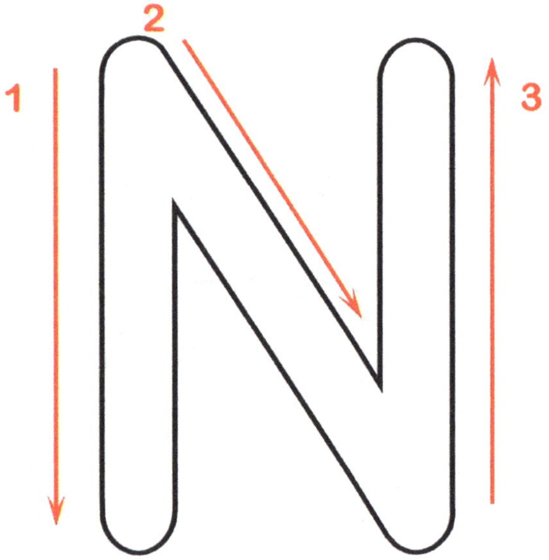


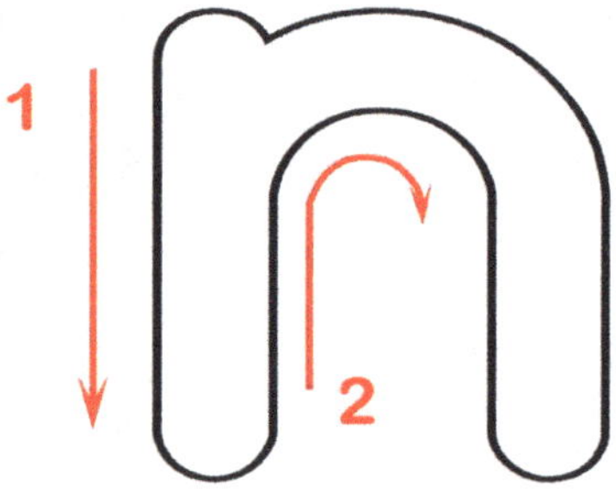


N N N N N n n n n n

O

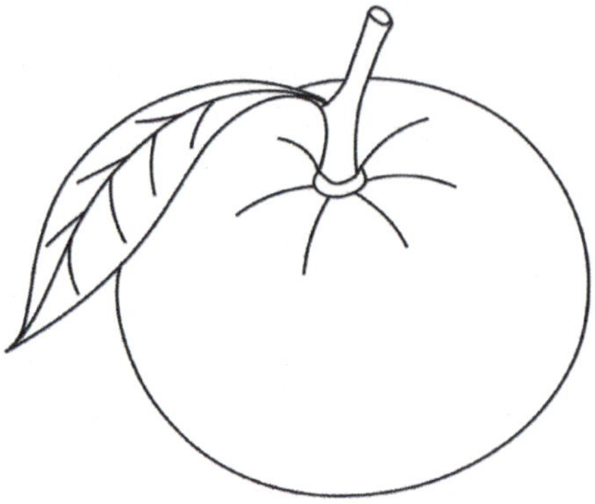

Orange

Orange

O o

O O O O O o o o o o

Octopus

Octopus

O o

O O O O O o o o o o

Owl

Owl

O o

O O O O O o o o o o

Onion

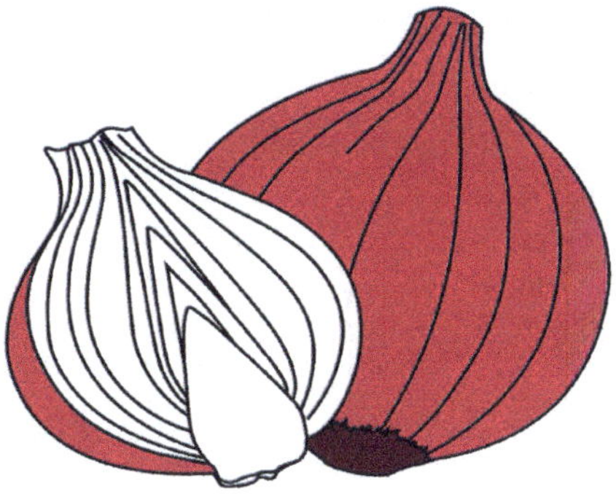

Onion

O o

O O O O O o o o o o

P

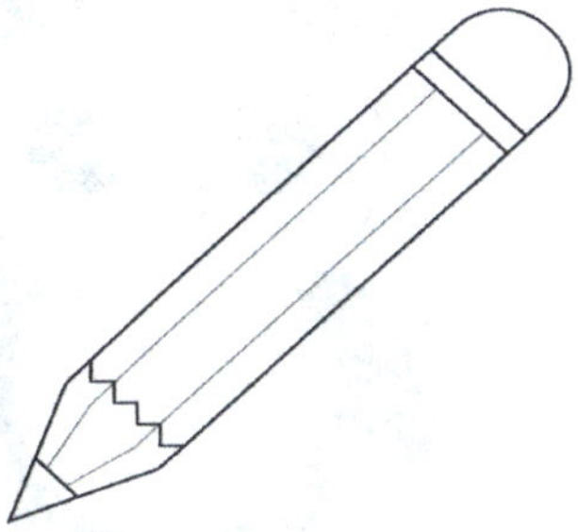

Pencil

Pencil

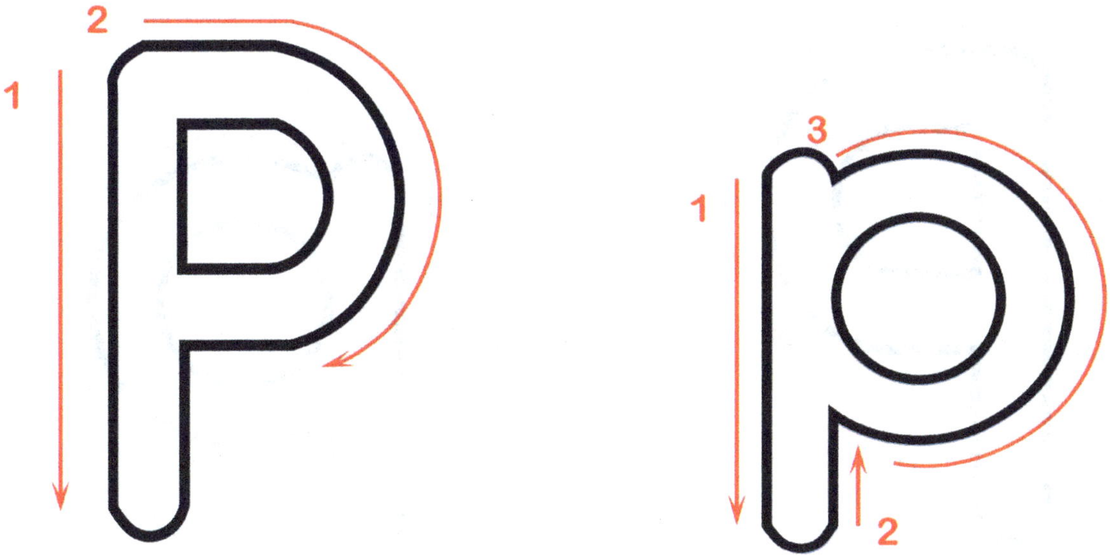


P P P P P p p p p p

Panda

Panda

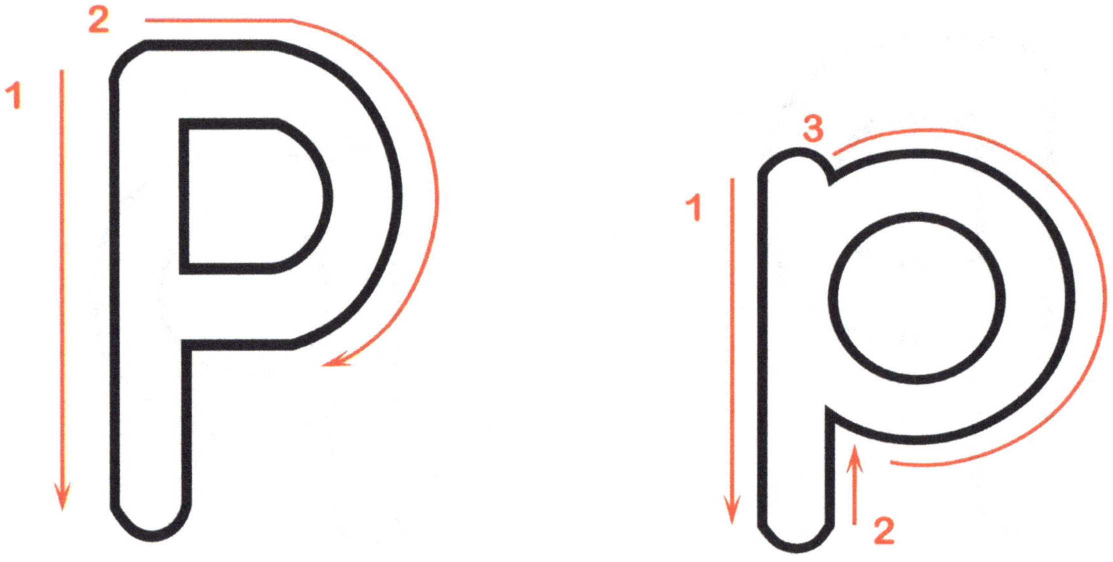


P P P P P p p p p p

Pear

Pear

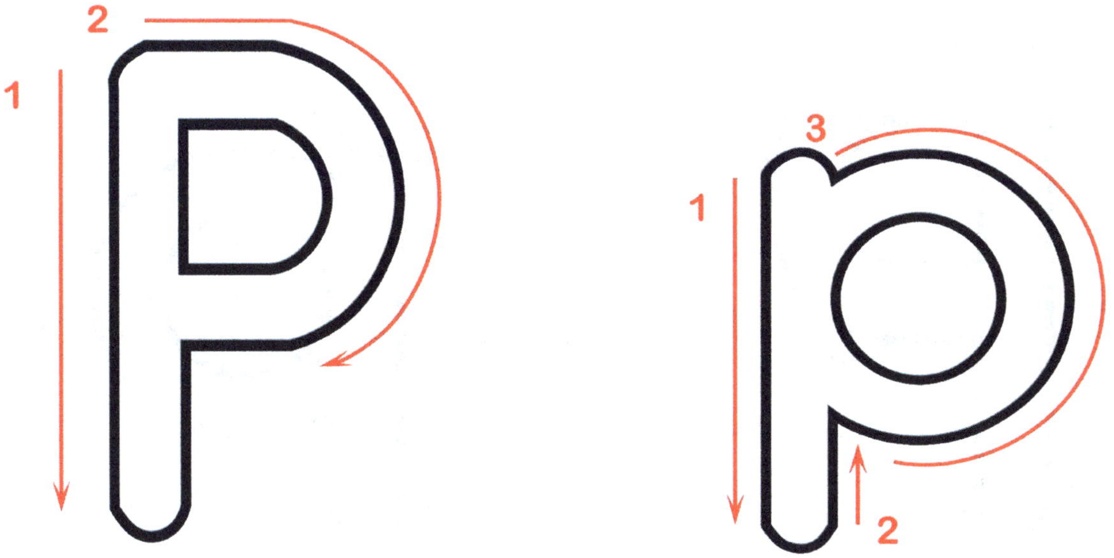


P P P P P p p p p p

Pumpkin

Pumpkin

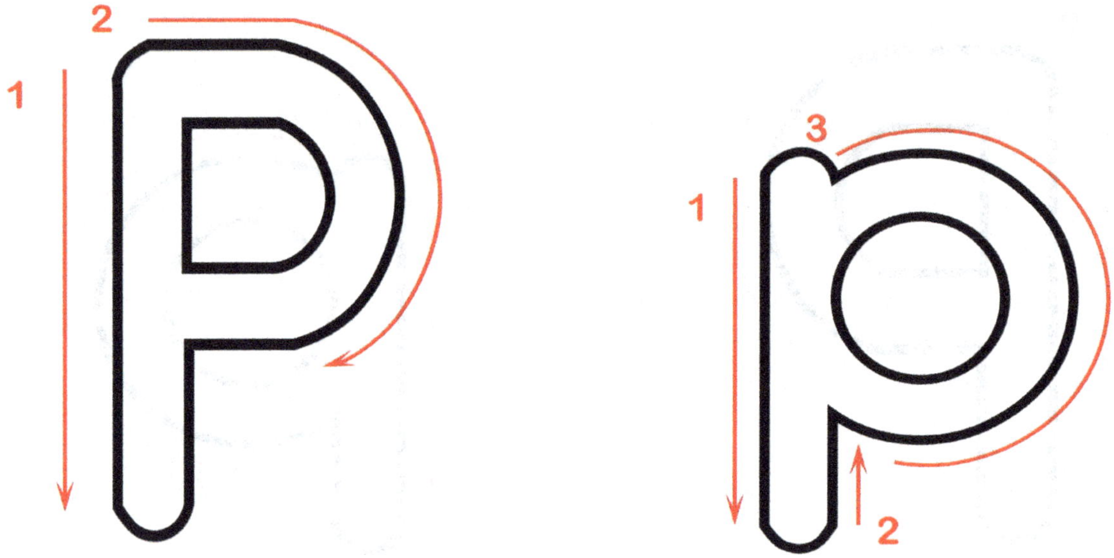


P P P P P p p p p p

Q

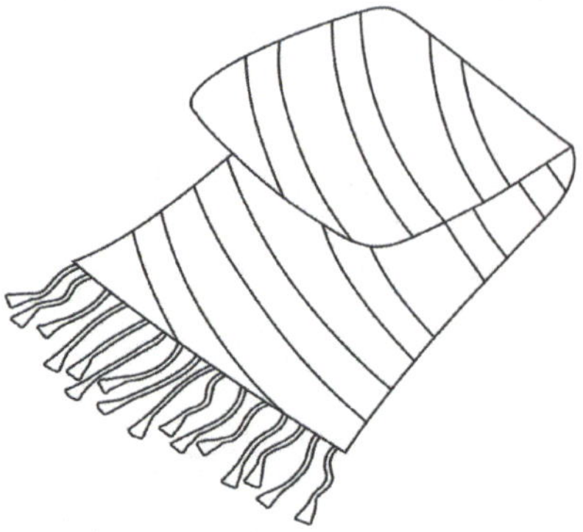

Quilt

Quilt

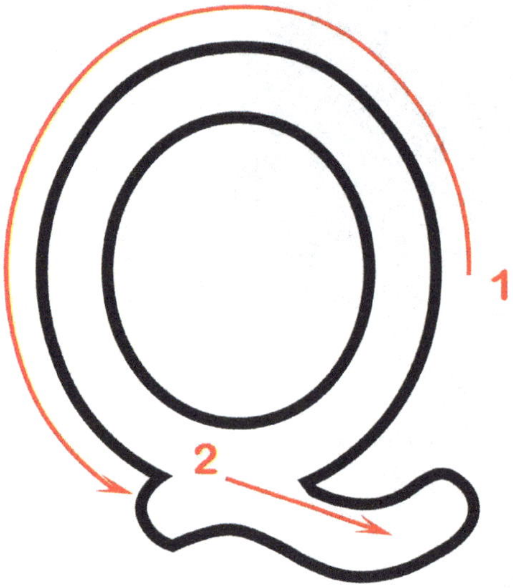


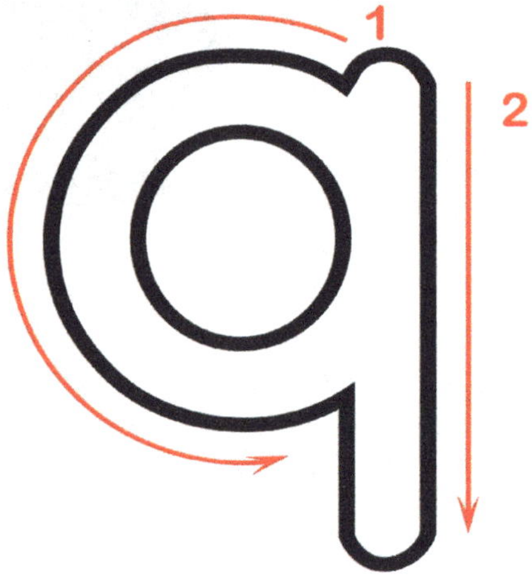


Q Q Q Q Q q q q q q

Queen

Queen

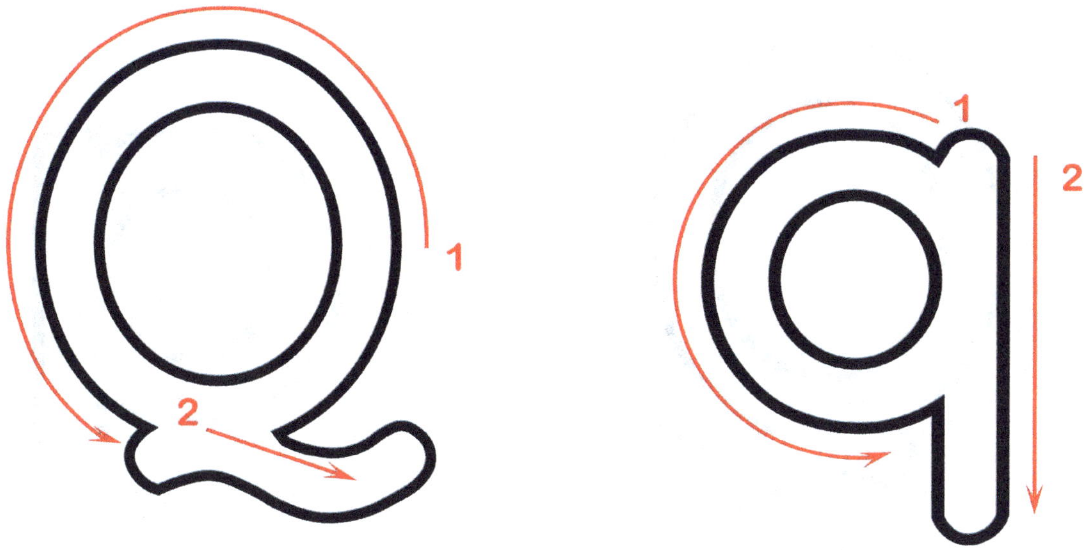


Q Q Q Q Q q q q q q

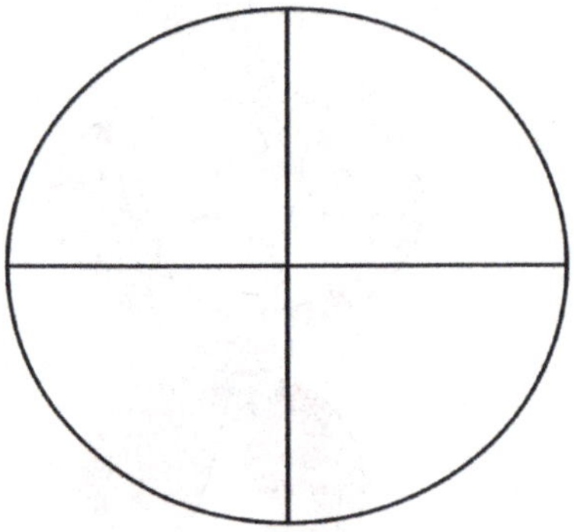

Quarter

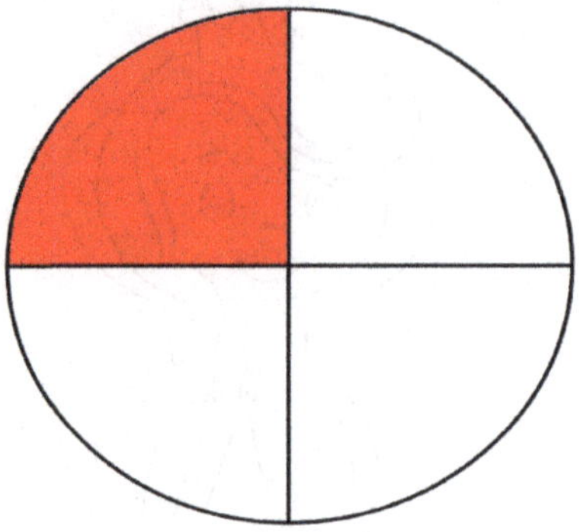

Quarter

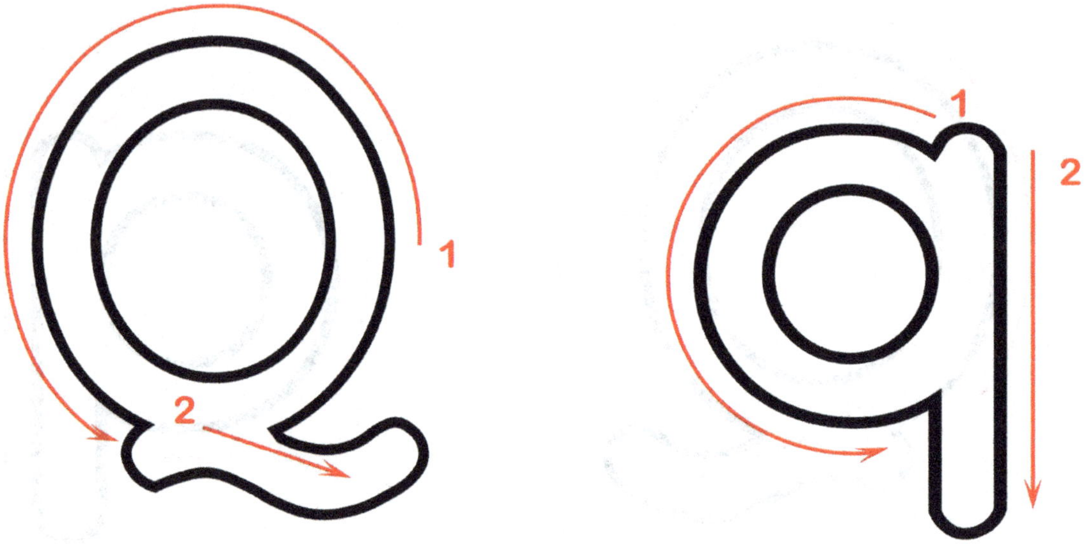

Quail

Quail

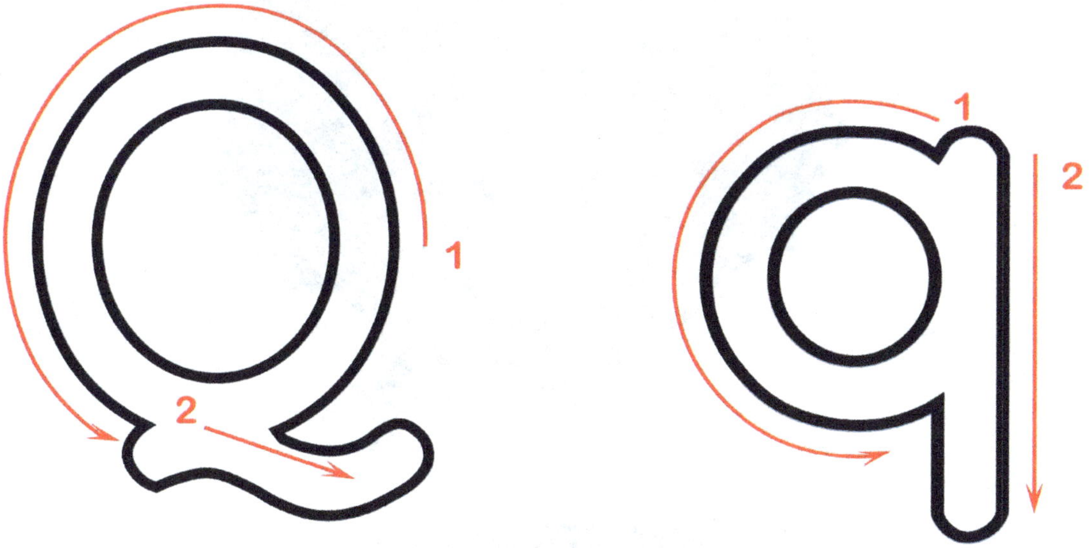


Q Q Q Q Q q q q q q

R

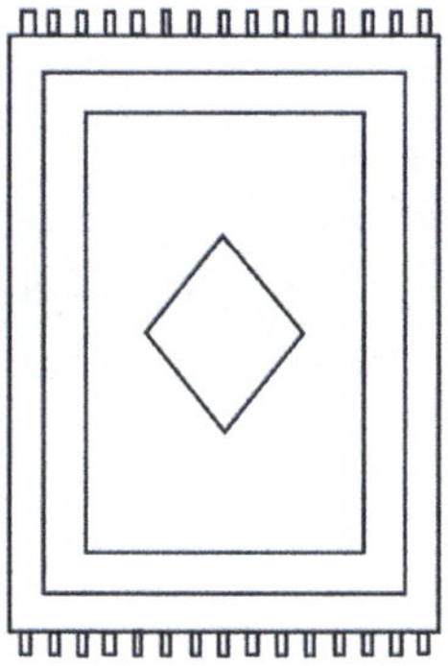

Rug

Rug

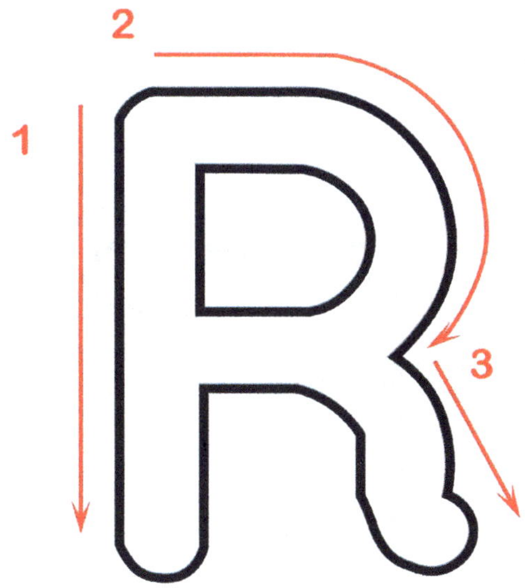


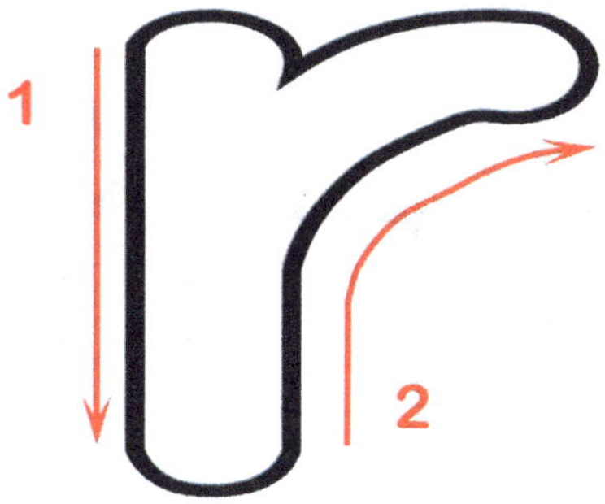


R R R R R r r r r r

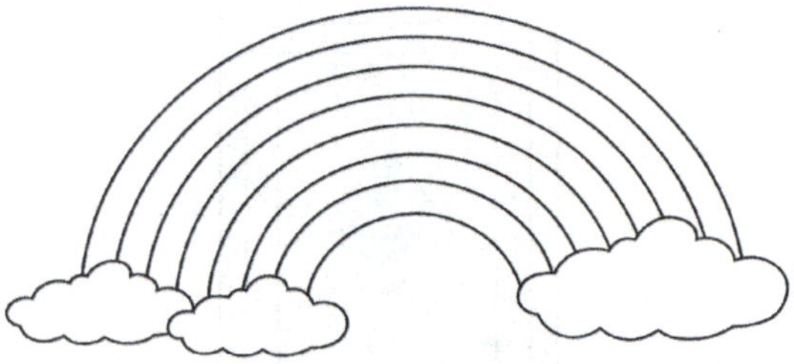

Rainbow

Rainbow

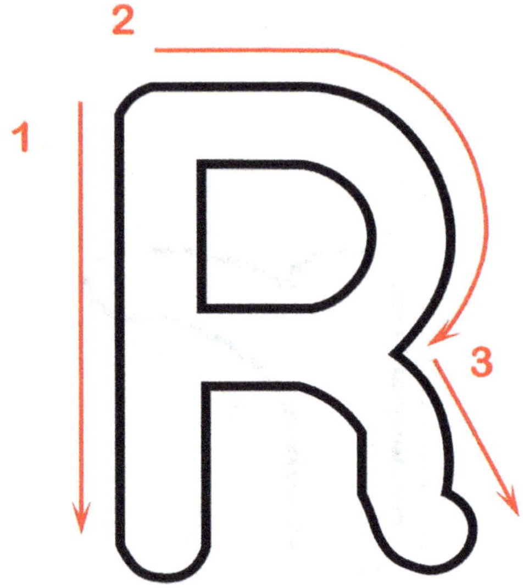


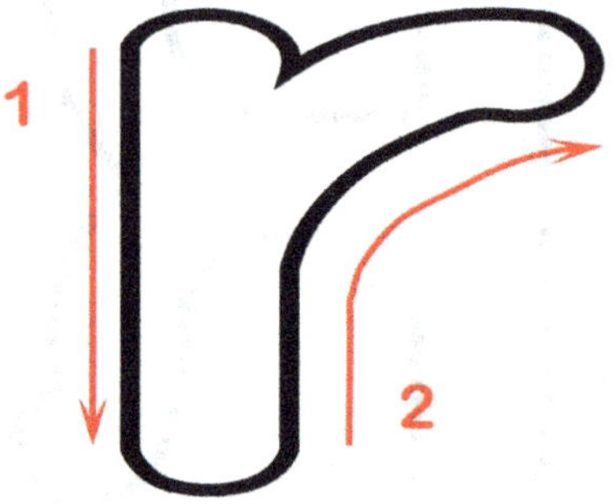


R R R R R r r r r r

Rocket

Rocket

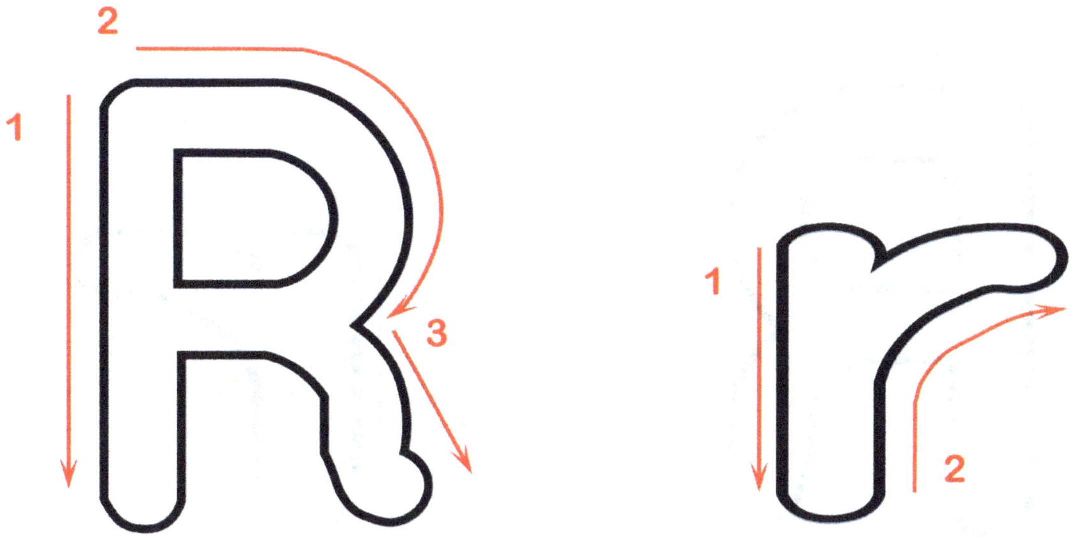


R R R R R r r r r r

Rose

Rose

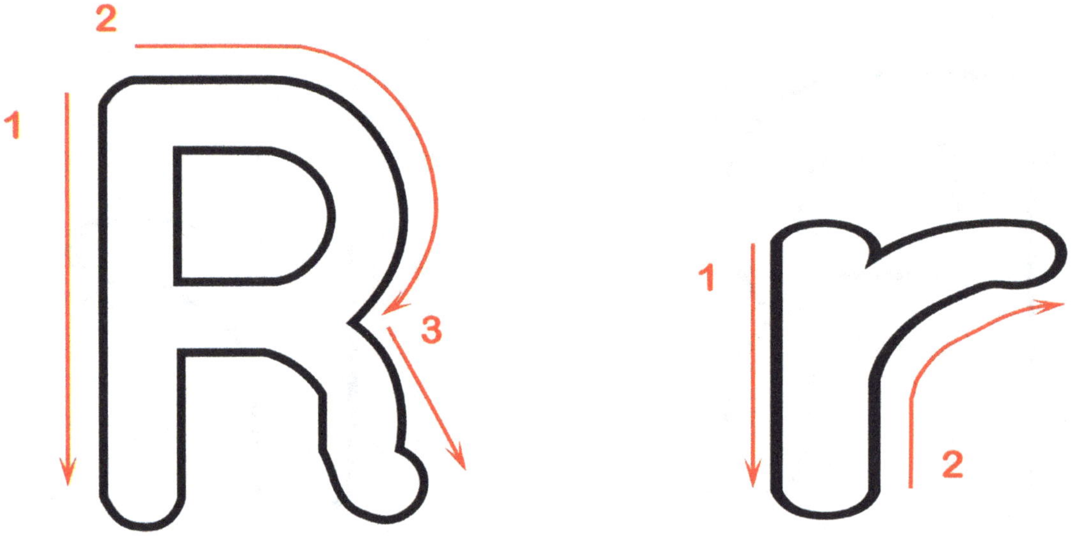


R R R R R r r r r r

S

Sun

Sun

S S S S S s s s s s

Snowman

Snowman

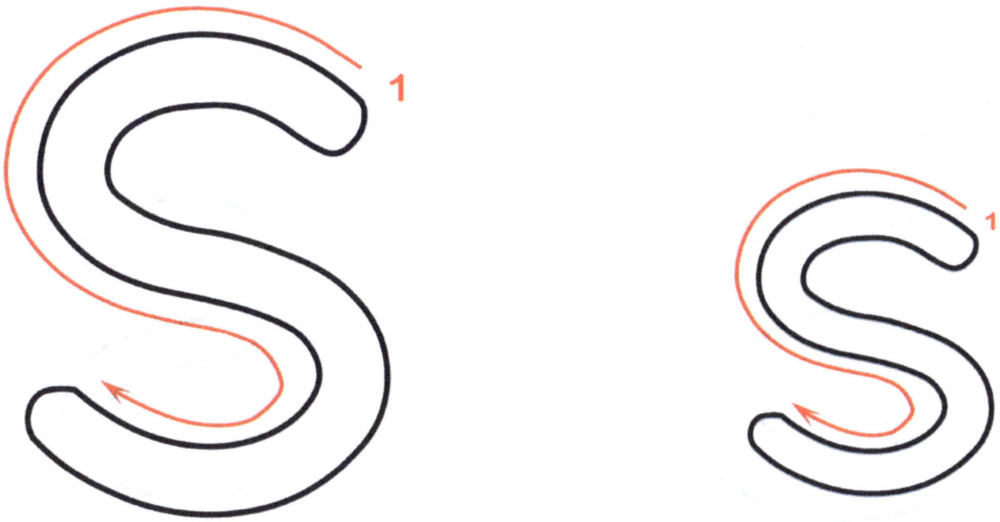


S S S S S s s s s s

Sock

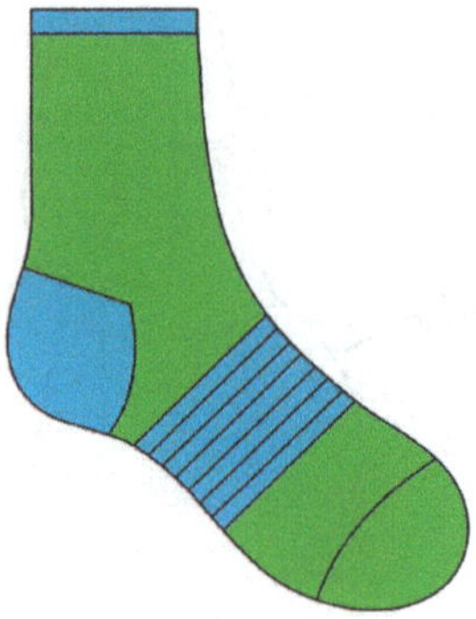

Sock

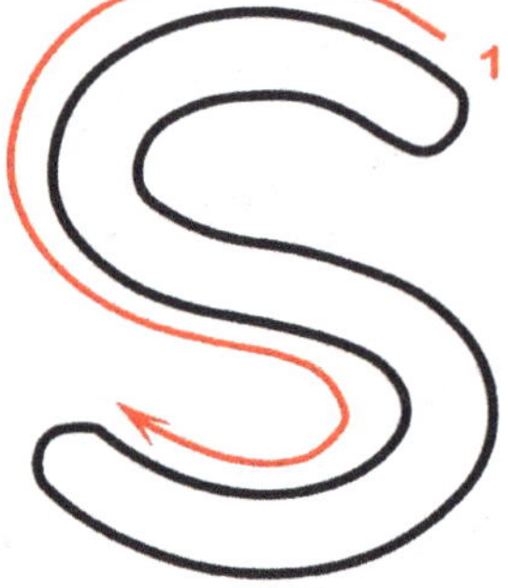


S S S S S s s s s s

Star

Star

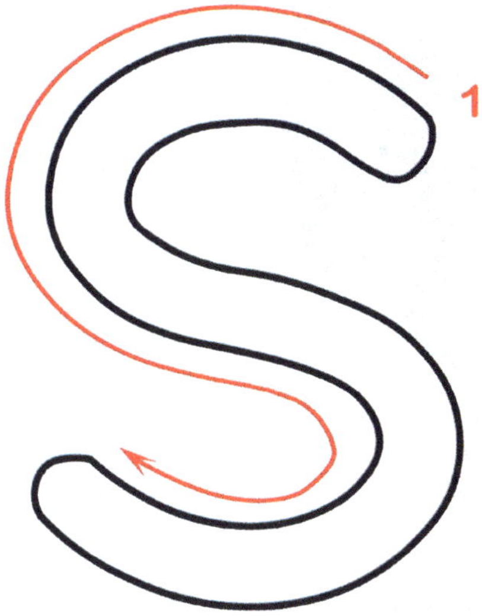


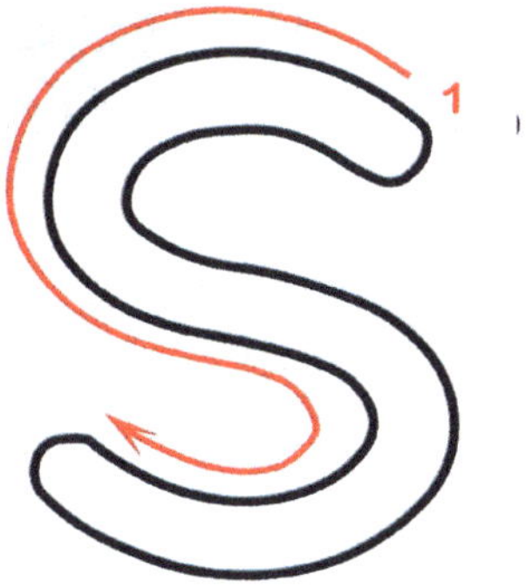


S S S S S s s s s s

T

Tree

Tree

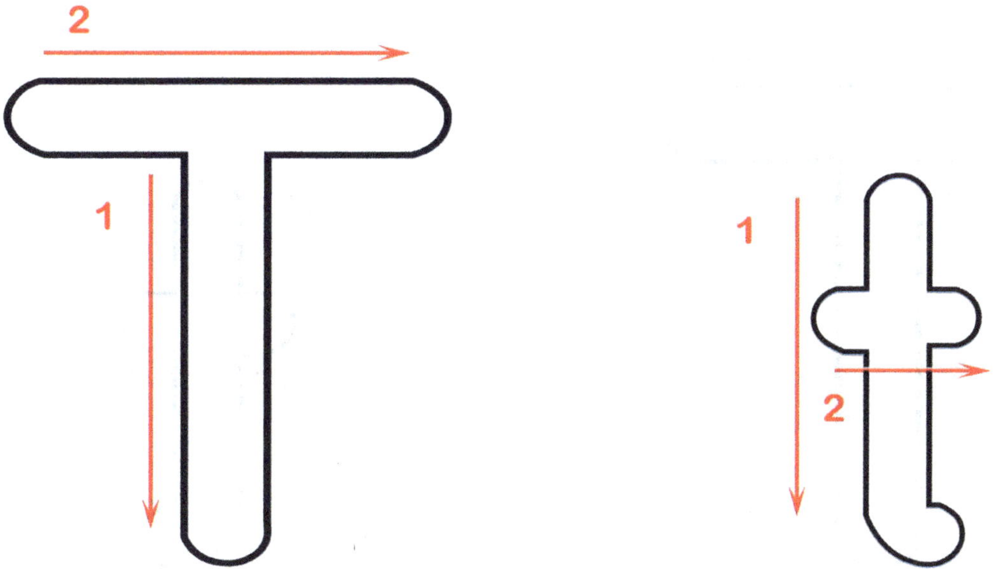

Tiger

Tiger

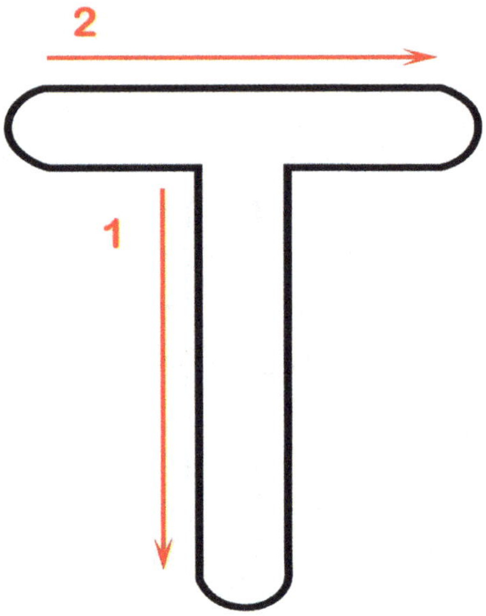


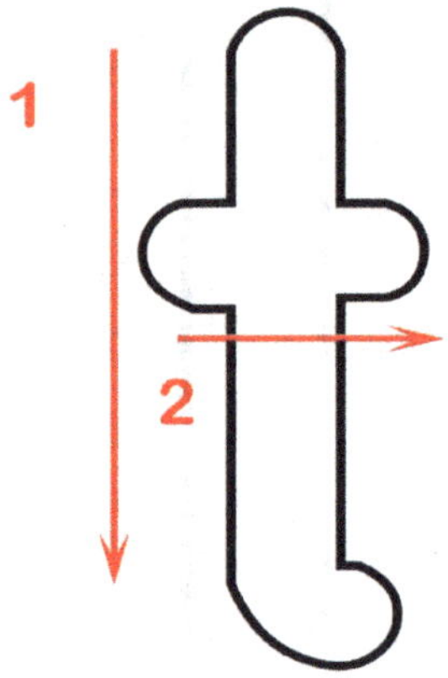

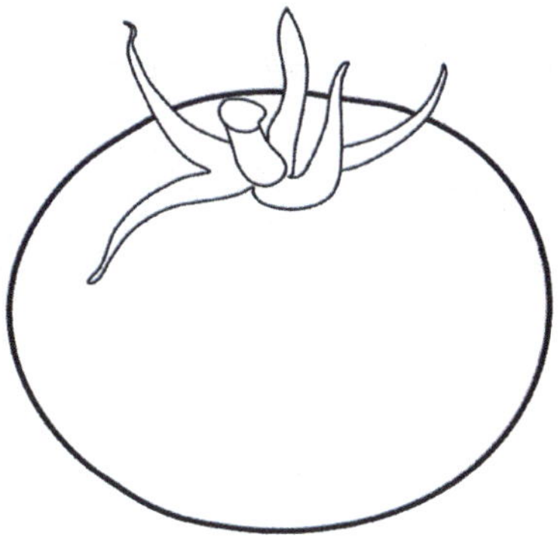

Tomato

Tomato

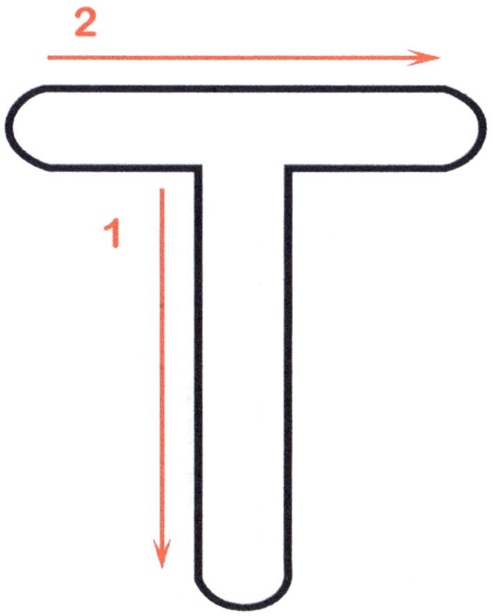


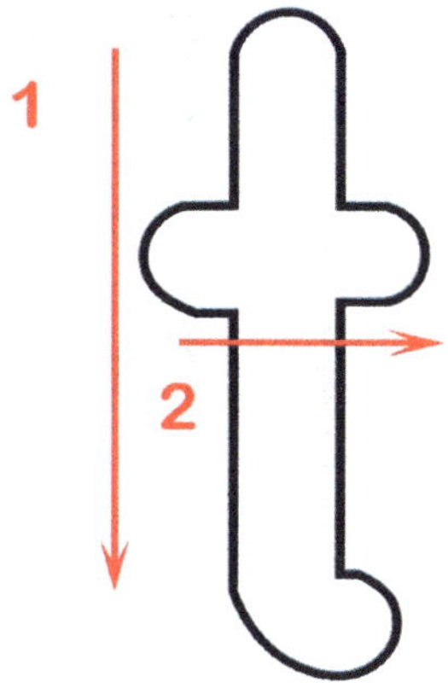

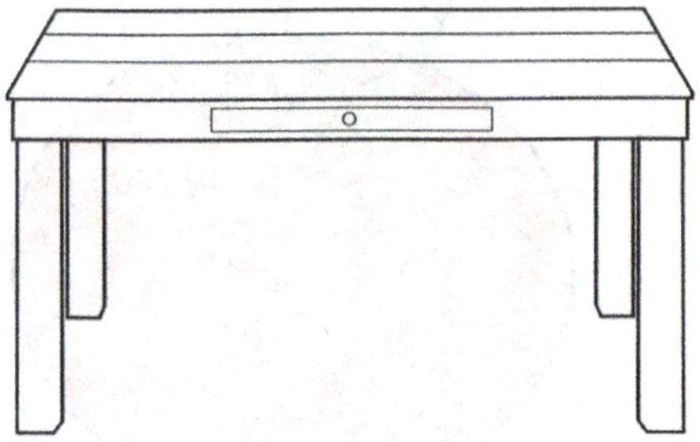

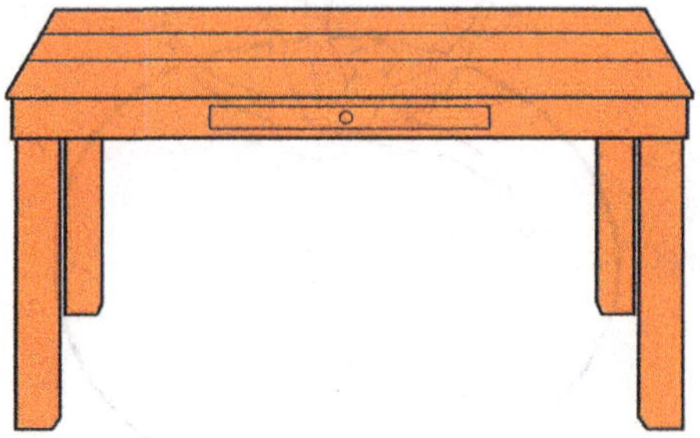

Table

Table

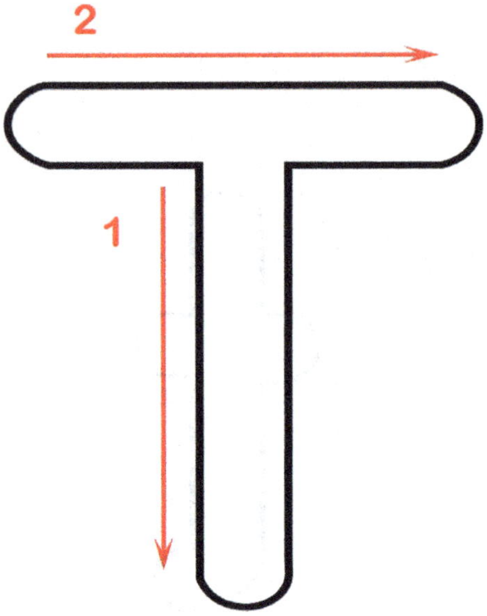


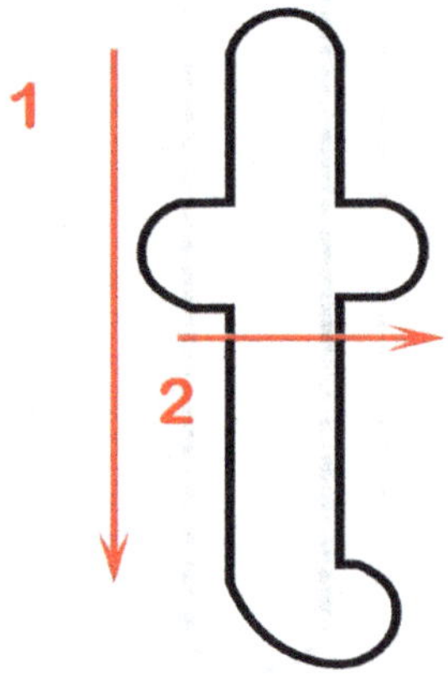

U

Umbrella

Umbrella

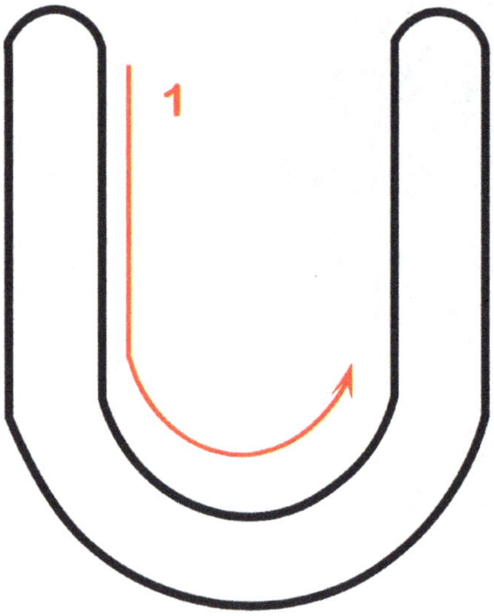


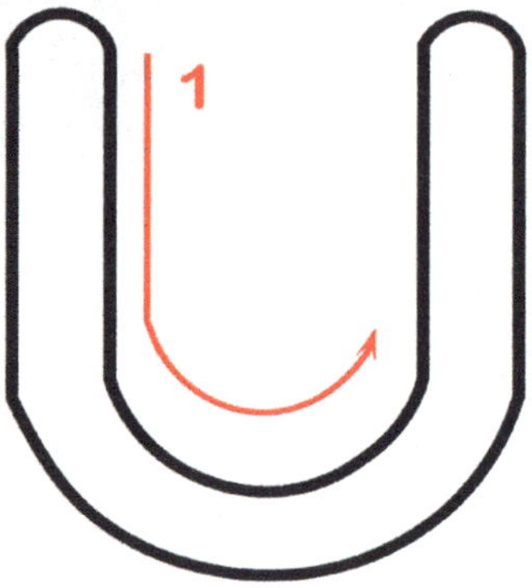

V

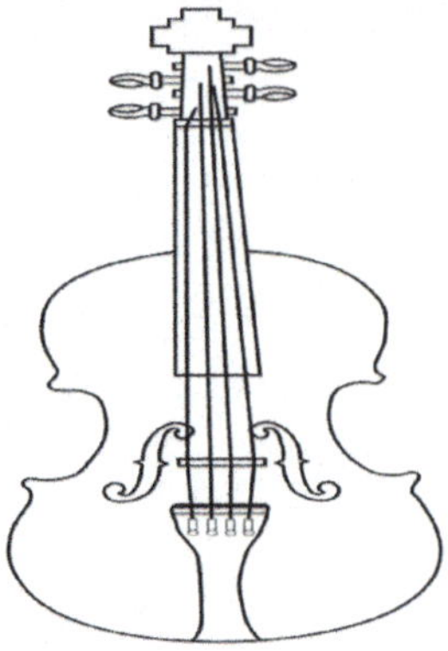

Violin

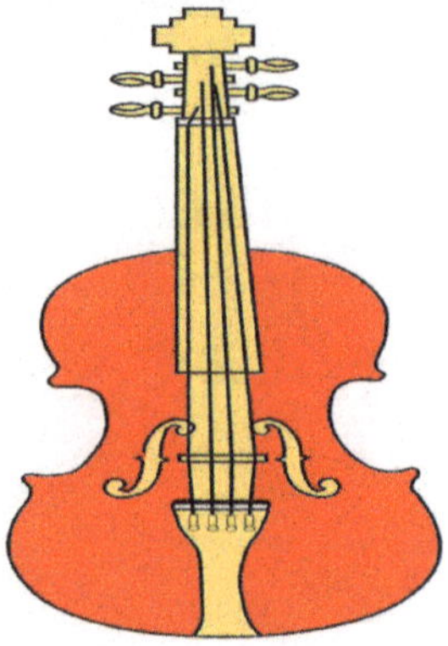

Violin

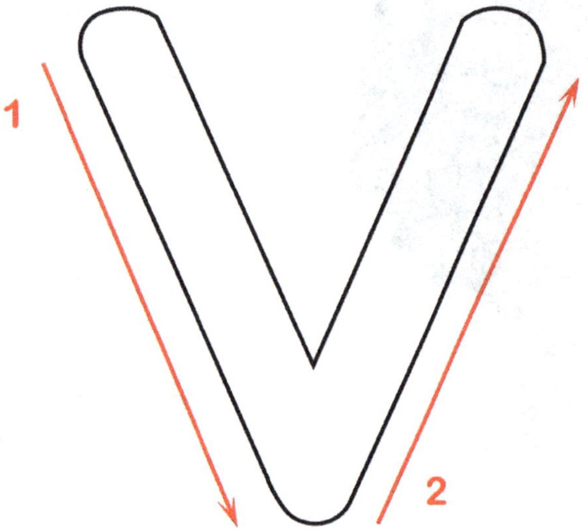


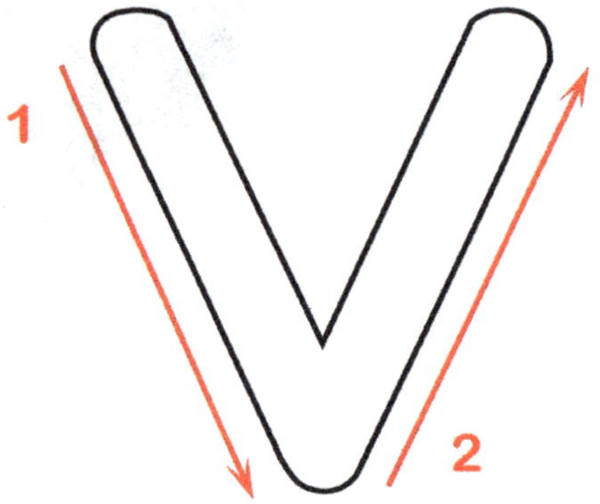


V V V V V v v v v v

Van

Van

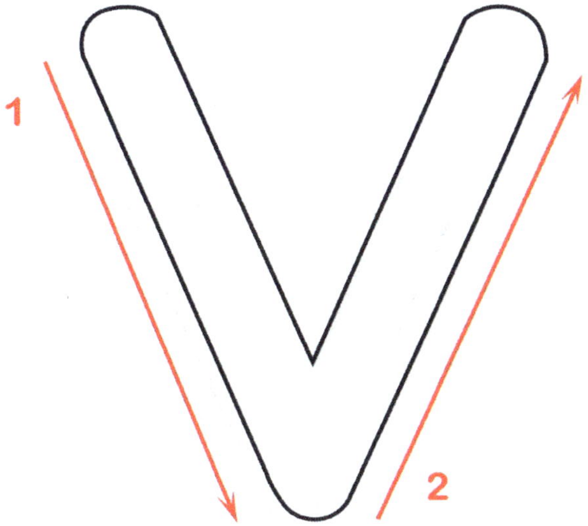


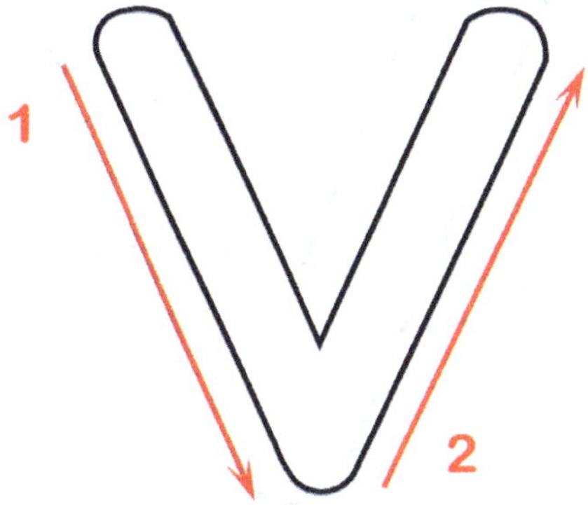


V V V V V v v v v v

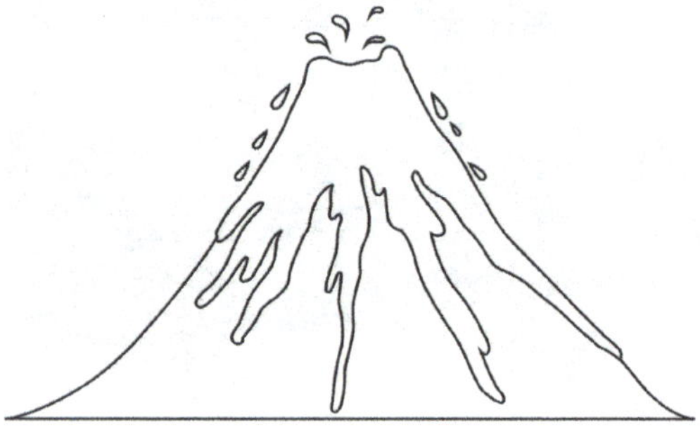

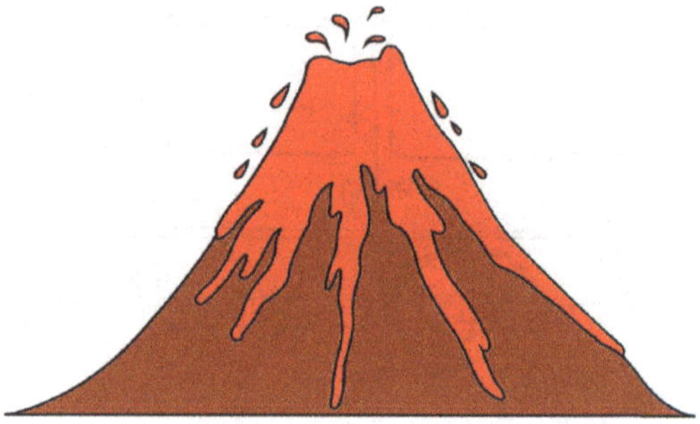

Volcano

Volcano

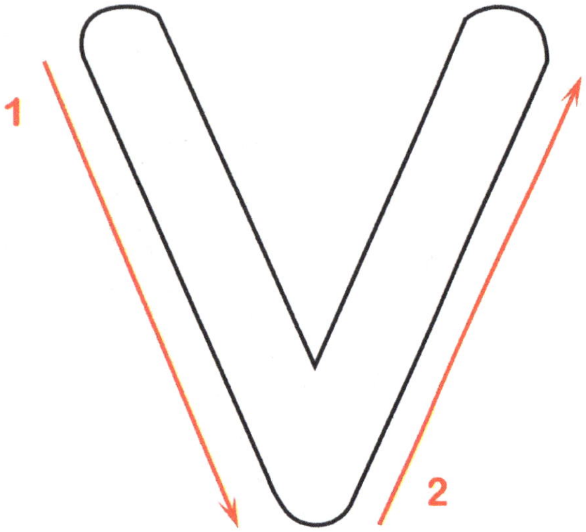


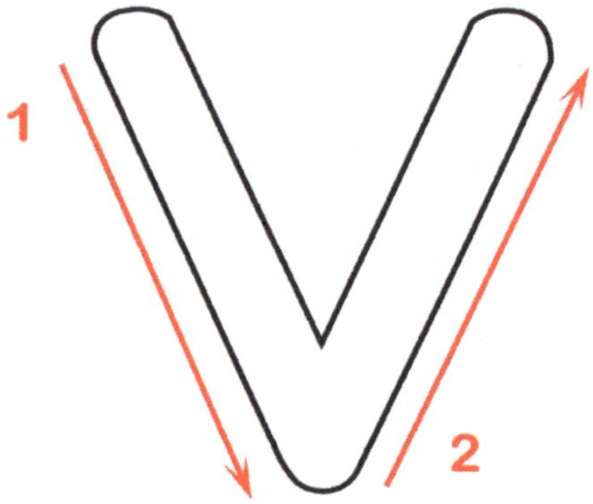


V V V V V v v v v v

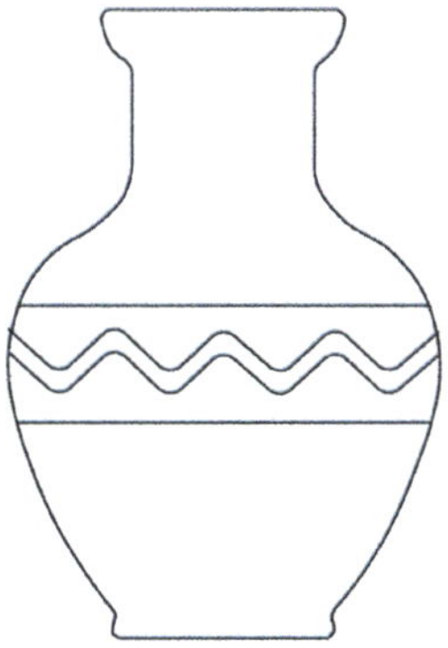

Vase

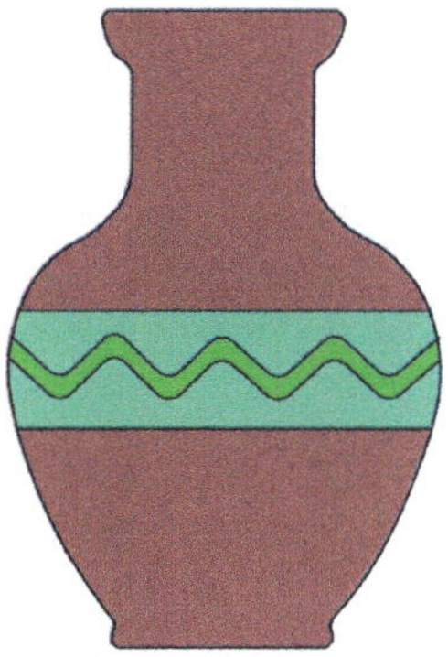

Vase

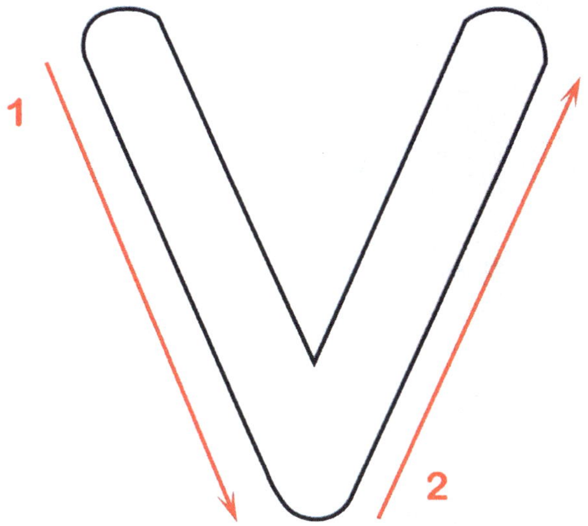


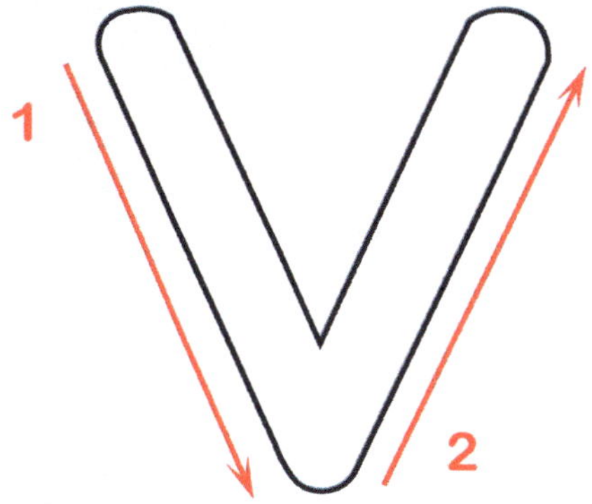


V V V V V v v v v v

W

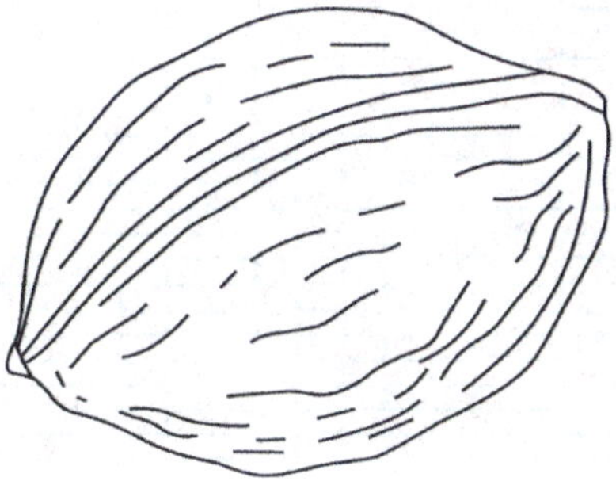

Walnut

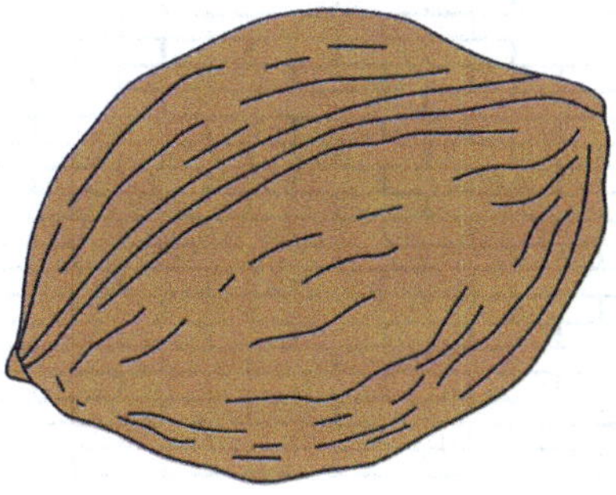

Walnut

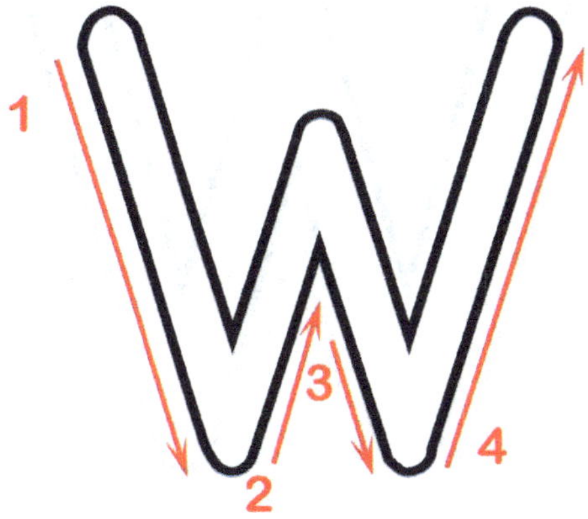


W W W W W w w w w w

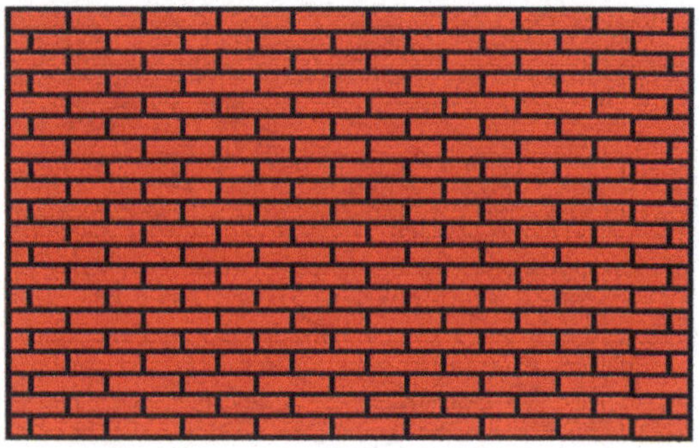

Wall

Wall

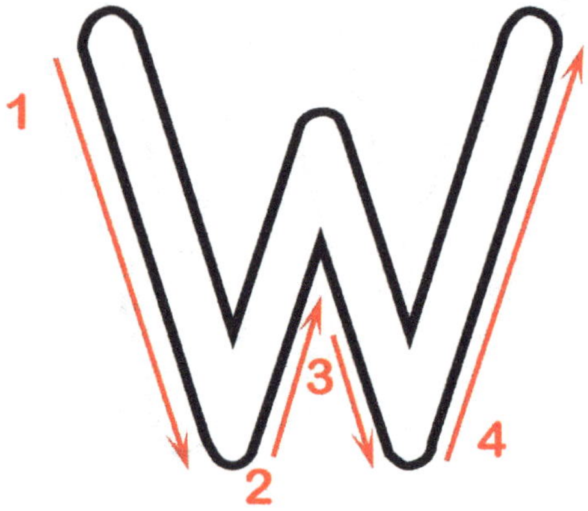


W W W W W w w w w w

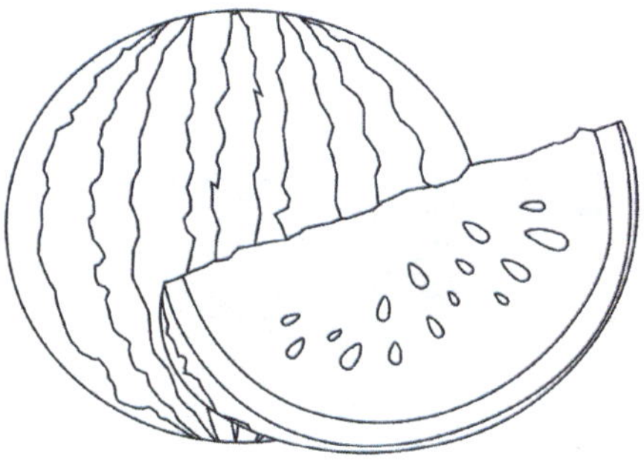

Watermelon

**W**atermelon

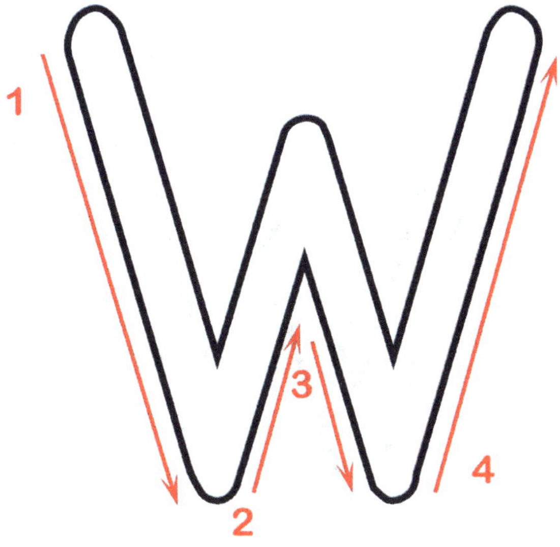


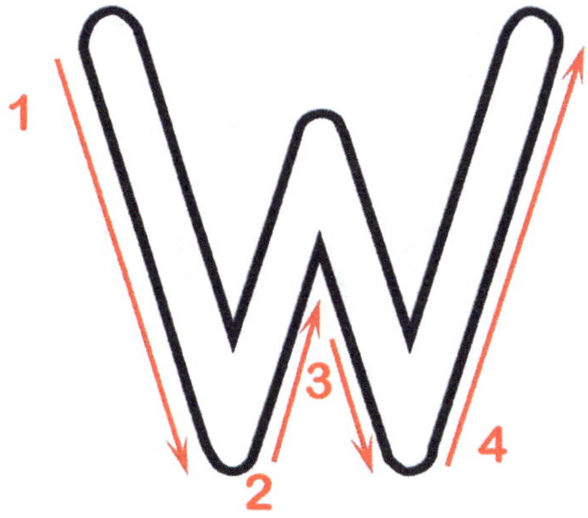


W W W W W w w w w w

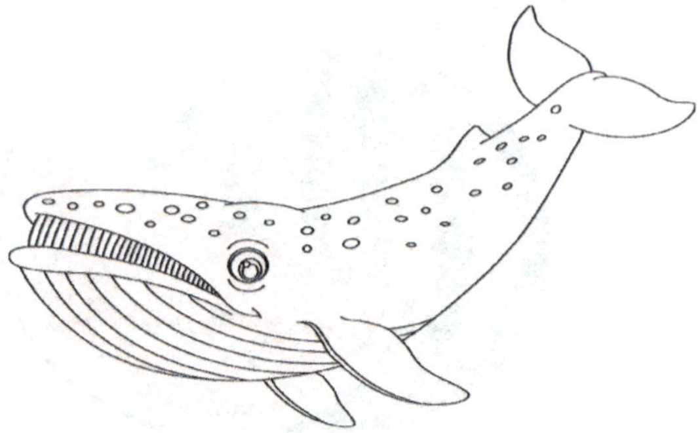

Whale

Whale

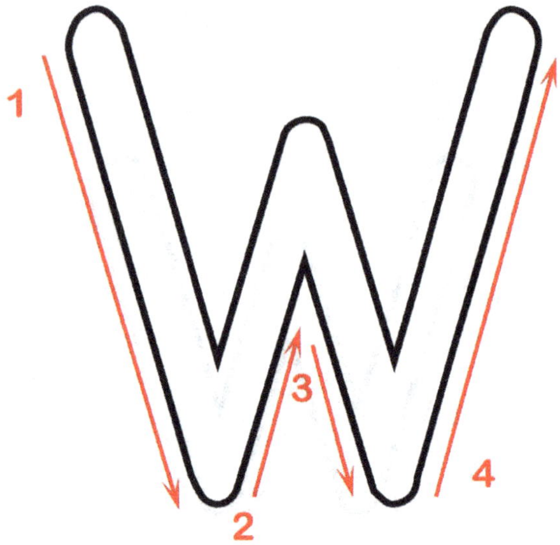


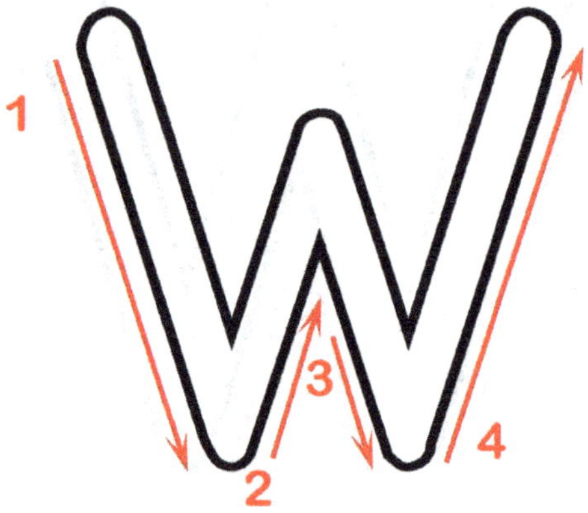


W W W W W w w w w w

X

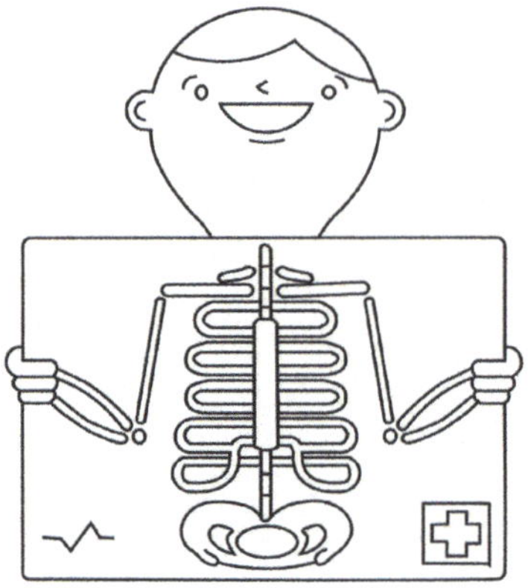

Xray

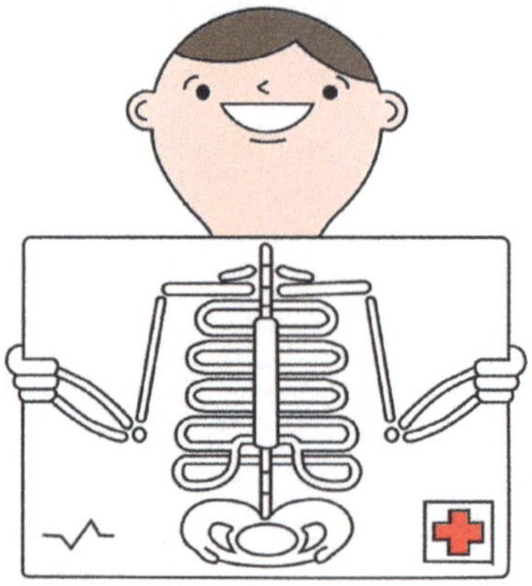

Xray

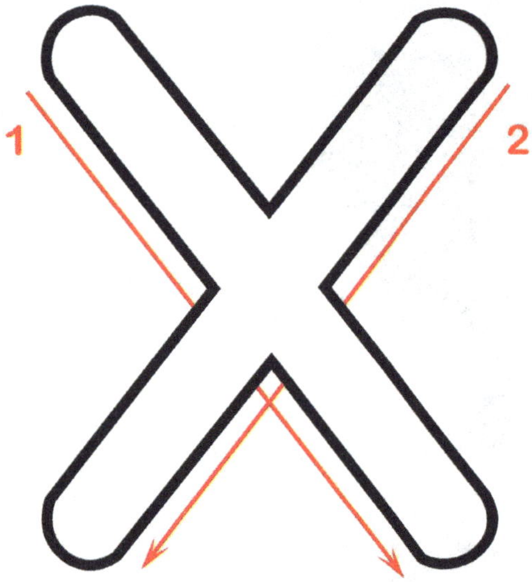


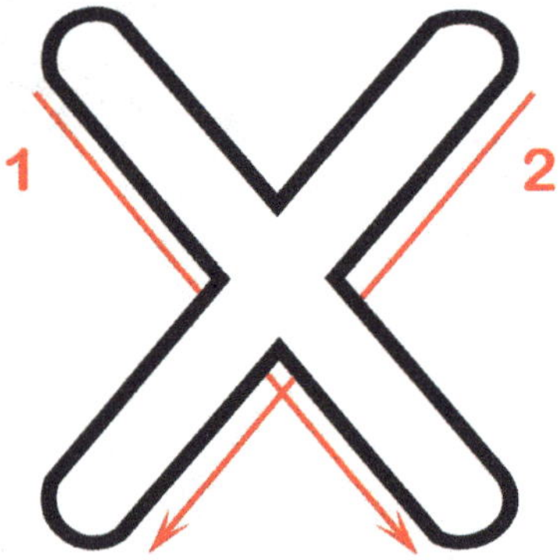


X X X X X x x x x x

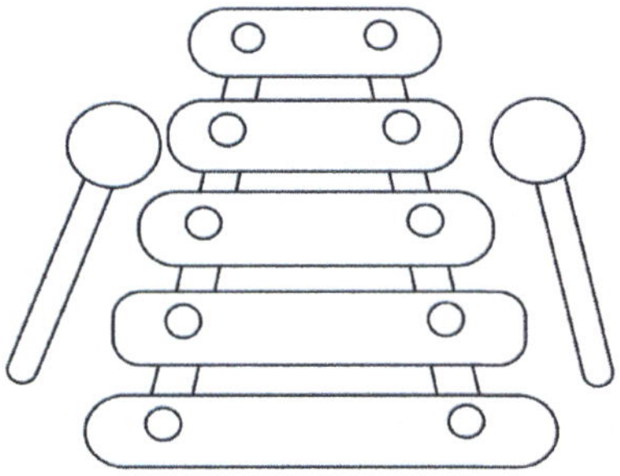

Xylophone

Xylophone

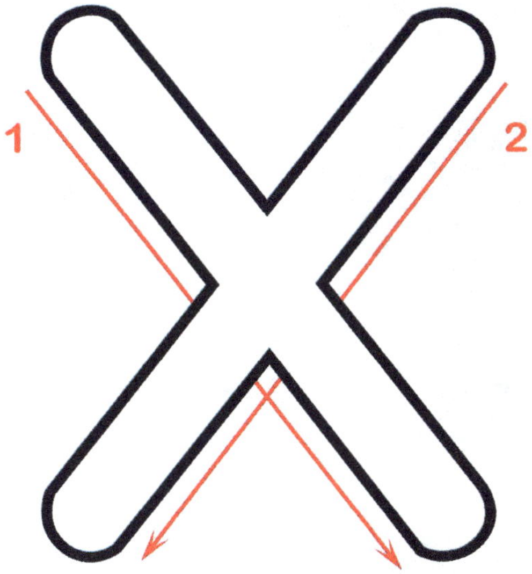


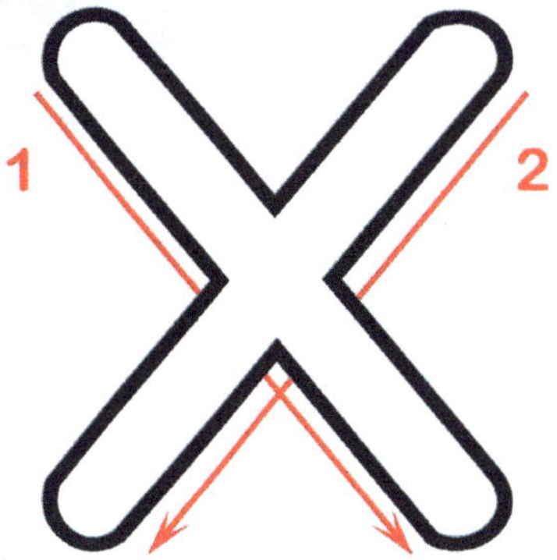


X X X X X x x x x x

Y

Yard

Yard

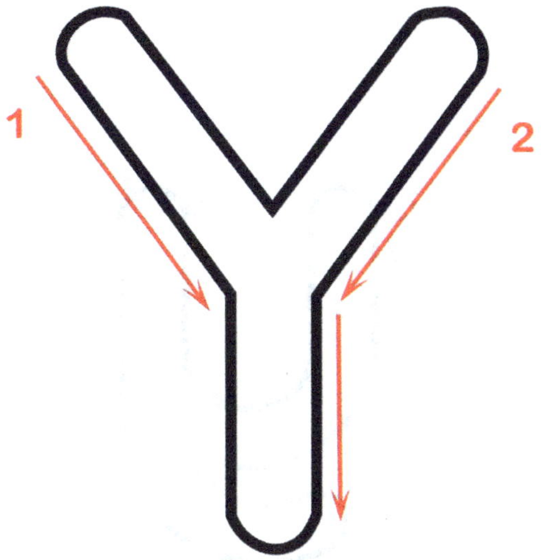


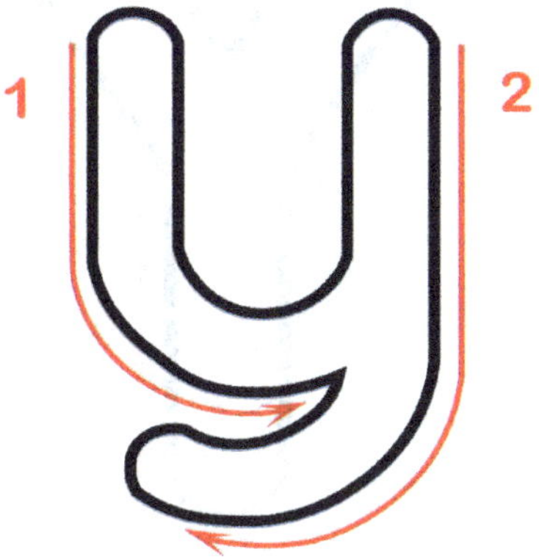

Yellow

Yellow

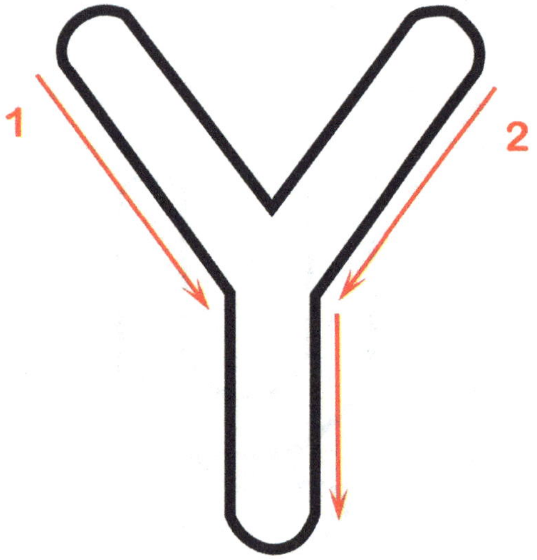


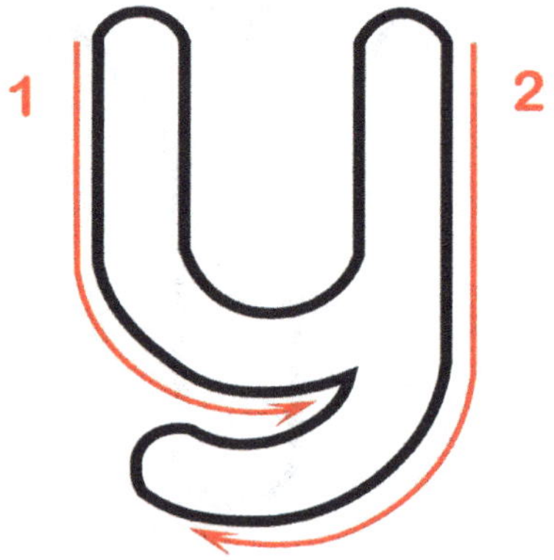


Y Y Y Y Y y y y y y

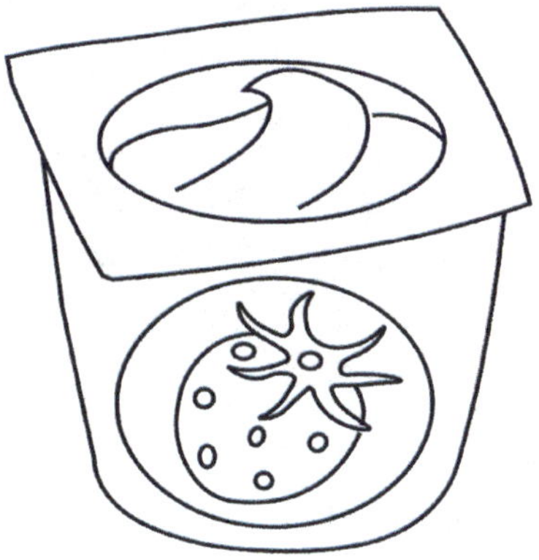

Yogurt

Yogurt

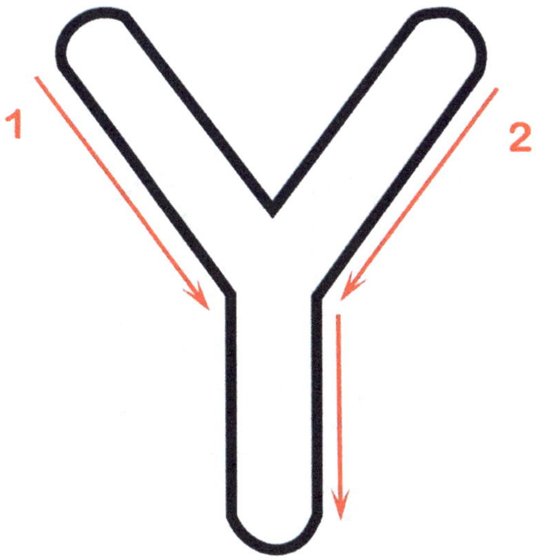


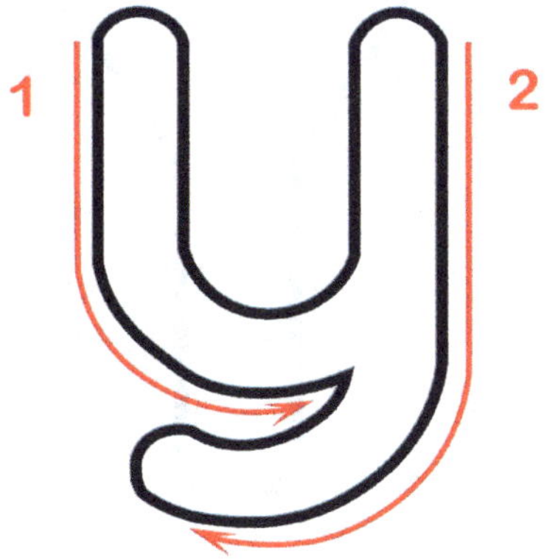


Y Y Y Y Y y y y y y

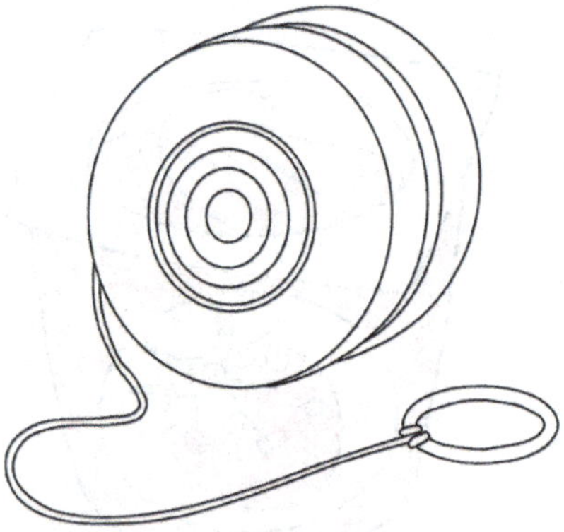

Yoyo

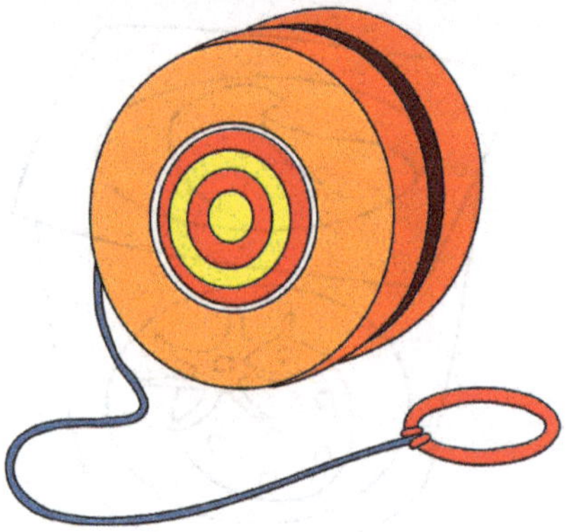

Yoyo

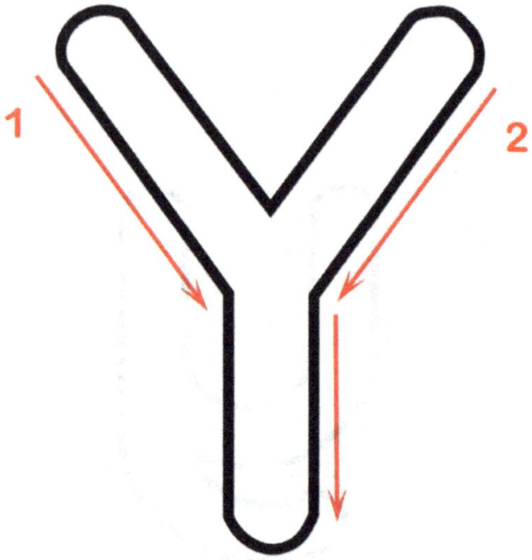


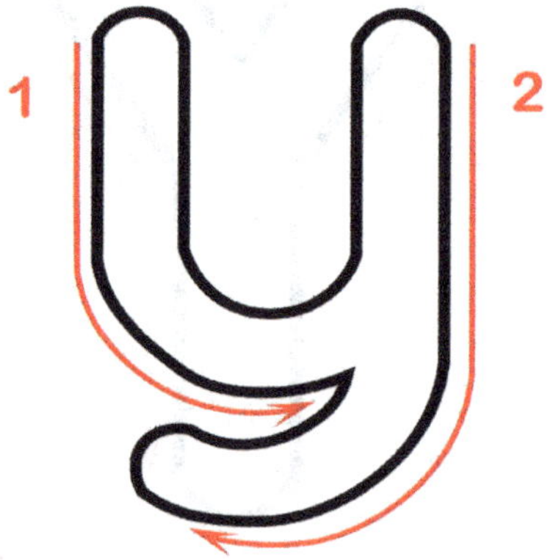


Y Y Y Y Y y y y y y

Z

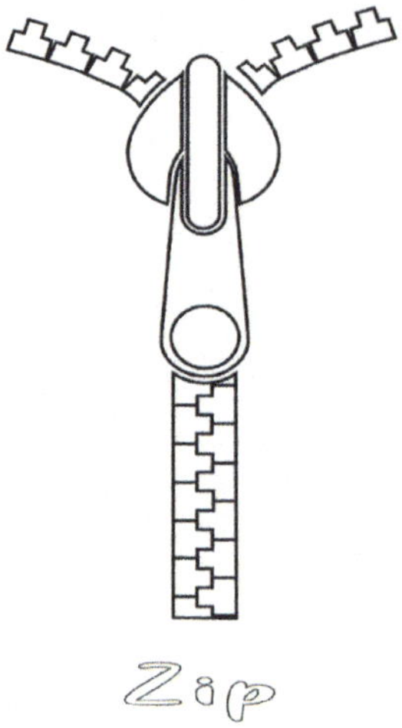


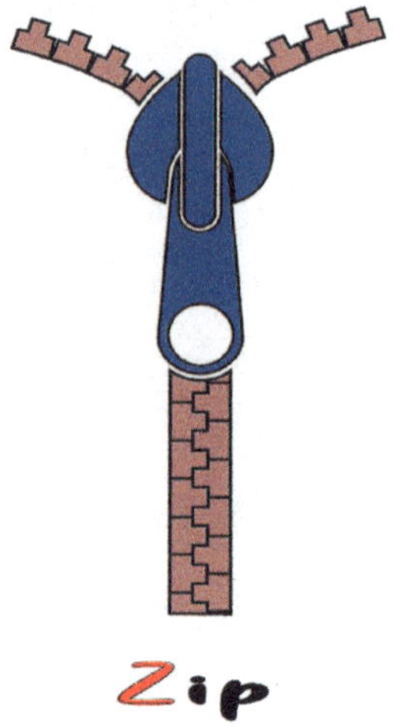


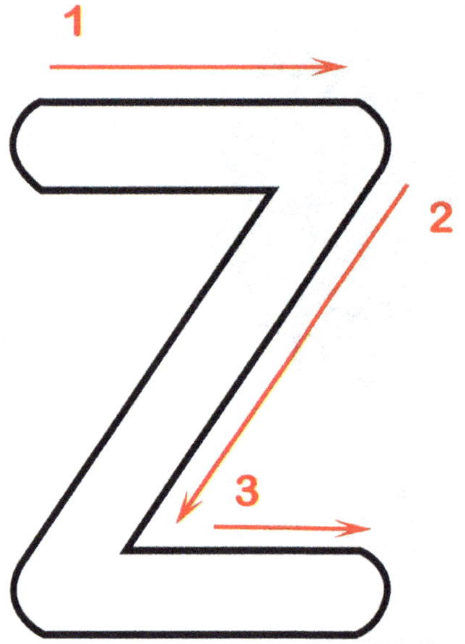


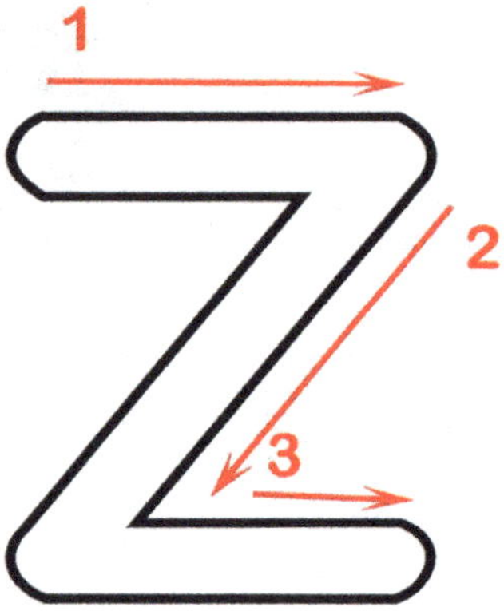


Z Z Z Z Z z z z z z

Zebra

Zebra

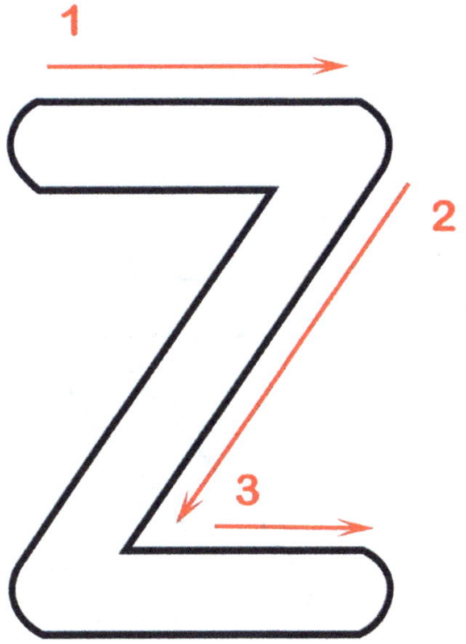


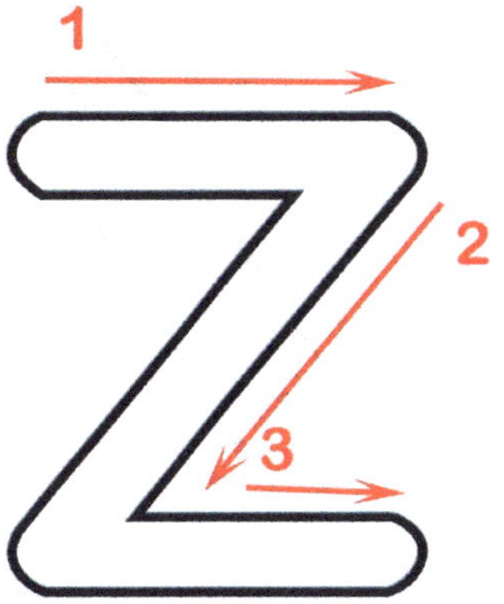

0 0

Zero Zero

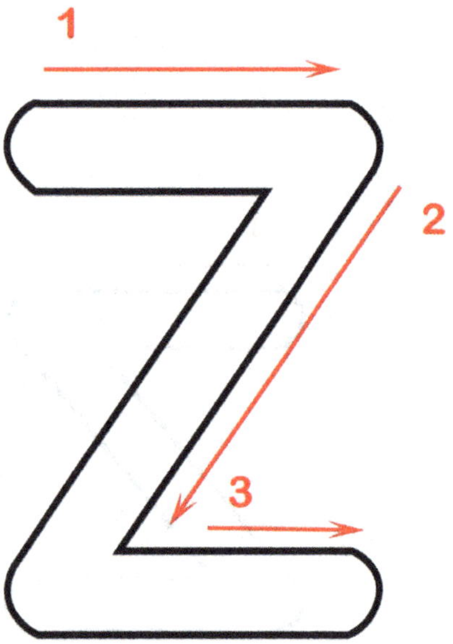


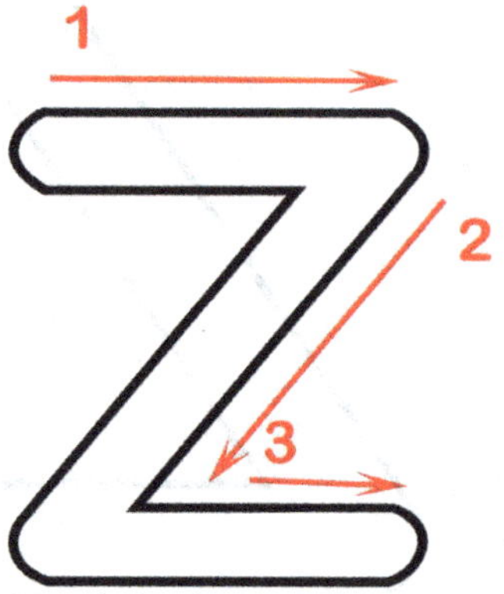


Z Z Z Z Z z z z z z

Made in the USA
Monee, IL
02 November 2026

67381645R00070